科学事业单位财力保障能力分析与评价

赵朝飞　乐　音　崔立新◎编著

上海财经大学出版社

图书在版编目(CIP)数据

科学事业单位财力保障能力分析与评价/赵朝飞，乐音，崔立新编著. —上海：上海财经大学出版社，2021.12

ISBN 978-7-5642-3911-4/F・3911

Ⅰ.①科…　Ⅱ.①赵…②乐…③崔…　Ⅲ.①科学研究组织机构-财务管理-研究-中国　Ⅳ.①G311

中国版本图书馆 CIP 数据核字(2021)第 231570 号

□ 责任编辑　杨　闯

□ 封面设计　张克瑶

科学事业单位财力保障能力分析与评价

赵朝飞　乐　音　崔立新　编著

上海财经大学出版社出版发行

（上海市中山北一路 369 号　邮编 200083）

网　　址：http://www.sufep.com

电子邮箱：webmaster @ sufep.com

全国新华书店经销

江苏凤凰数码印务有限公司印刷装订

2021 年 12 月第 1 版　2021 年 12 月第 1 次印刷

710mm×1000mm　1/16　16.5 印张(插页：2)　260 千字

定价：78.00 元

本书编委会

编委会主任：戴　萍

主　　　编：赵朝飞　乐　音　崔立新

副　主　编：戴　萍　王心如　刘　菁　梁　娟
　　　　　　黄　莺　李海灵

编　　　者：雷　毅　胡　文　朱冠瑾　杨远富
　　　　　　荣凤云　周才荣　张溯源　刘丽慧
　　　　　　杨昌彦　郑欢娜　孟晓艳　彭欣婷
　　　　　　于　佳　吴　霞　胡江静　彭　丽
　　　　　　林美君　王维琳　容啟赞　王　冰
　　　　　　叶雪婷　王　帅

前言

随着我国社会经济的发展，各项事业改革逐步推进和深化，我国的科学事业单位当前所面临的内部和外部环境发生了巨大的变化。《管理会计基本指引》《会计改革与发展“十三五”规划纲要》等文件的发布，要求科学事业单位财务管理更加注重内部控制建设、预算编制、经费执行、资产管理及项目审计等工作，财务管理工作从“业务型”逐渐向“管理型”转变，更加强调对单位管理决策提供信息支持和意见参考。《中共中央关于全面深化改革若干重大问题的决定》中提出要“建立权责发生制的政府综合财务报告制度”。政府会计制度的实施是我国市场经济体制和公共财政体制改革的深化，政府会计职能逐渐向反映受托责任履行情况和提供决策有用信息转变。核算政府运行成本、科学评价政府绩效，是落实党的十九大提出的“全面加强和全面实施绩效管理”的重要基础。政府会计制度的不断改革和完善，使科学事业单位建立起较完善的预算管理体制，会计核算水平也逐步提高。近年来，国家对科技工作支持力度不断加大、科研经费投入逐步增加，对科研机构的财务管理工作也提出了更高的要求。政府会计制度“双基础”决定了“双报告 ”，立足于科研机构的单位性质和业务特点，采用收付实现制与权责发生制相结合的核算基础，构建一套适用于现阶段科研机构的会计核算体系，编制财务会计报告和预算会计报告，真实反映科学事业单位财务状况十分有必要。但是，无论是财务会计报告还是预算会计报告，其报告中的数据都需要经过分析与加工才能成为管理有用的信息。以报表和其他资料为依据和起点，采用专门方法，系统分析与评价过去和现在的运营成果、财务状况及其变化，目的是了解过去、评价现在、预测未来。单位财力保障能力分析与评价正是基于上述的管理要求，通过对已有数据的分析来得出确切的评价结果，最大限度地真实反映单位总体经济实力和财务保障能力，为内部和外部使用者提供决策参考依据。

财力保障能力分析与评价是科学事业单位财务管理的重要工作内容之一，但目前，国家还没有制定标准统一的分析与评价体系。本书以中国热带农业科学院（简称中国热科院）为研究对象，从2012年开始，每年组织对中国热科院及其所属单位的财力保障水平进行调查研究和分析评价，并编写全院及其所属各单位财力保障水平分析报告，为其单位主要领导进行管理决策提供参考依据，得到了相关领导的肯定。通过多年的探索和总结，我们不断地对相关的分析指标和分析方法进行修正和改进，逐步形成了一套较为科学合理的科学事业单位财力保障能力分析与评价体系。多年的实践证明，使用该套分析指标体系和分析方法得出的评价结果，能比较全面、系统、客观地反映出科研院所的年度财力保障水平和发展趋势。

在实施分析与评价的过程中，我们结合科学事业单位的业务特点，主要选取了总体经济实力、筹资能力、资金支付能力3类14项指标，通过综合分析、对比分析和趋势分析方法，对中国热科院及其所属单位的财力保障水平进行综合评价和排名；同时，具体分析各单位的财力保障情况，深入挖掘内因和分析存在的问题，有针对性地提出管理建议。由于受研究方法、指标选择、样本数量等因素影响，部分具体指标难以完全客观地反映单位的真实情况，可能会导致评价结果出现一定程度的偏差。今后，我们在实施财力保障能力分析与评价的过程中，将持续改进和完善相关的分析指标体系和分析方法，逐步使评价结果更加趋于客观真实，为科学事业单位领导决策提供更可靠的信息参考。

本书在编写过程中，得到了中国热科院各单位领导和相关人员的大力支持，得到了中国热科院本级“中央科研院所基本科研业务费项目——科研财政资金使用绩效评价研究（项目编号：1630012021013）”的资助，在此表示感谢。

由于编者的水平和经验有限，书中疏漏之处在所难免，敬请广大读者批评指正，以便继续完善。

编　者

2021年8月

目　录

第一章

科学事业单位概述

第一节　事业单位的起源与发展

一、什么是事业单位

事业单位，英文是 Public Institution，是指国家为了社会公益目的，由国家机关举办或者其他组织利用国有资产举办的，从事教育、科技、文化、卫生等活动的社会服务组织，受国家行政机关领导，没有生产收入、所需经费由公共财政支出、不实行经济核算，以及主要提供教育、科技、文化、卫生等活动非物质生产和劳务服务的社会公共组织，事业单位接受政府领导，是表现形式为组织或机构的法人实体。

二、事业单位的由来[①]

在新中国成立前，"事业单位"这一概念就已经存在，当时指的是具备一定规模的有系统的社会行为，如交通事业、教育事业、卫生事业、建筑事业等。新中国

① 《事业单位名称的起源及最初的构成》，参见 https://wenku. baidu. com/view/0e8120befd0a79563c1e724d. html。

成立后，这个概念虽然还一直保留着，但在中国大陆和台湾地区之间，这个词的意义是完全不相同的。台湾地区的事业单位泛指企业机构，如公营事业。中国大陆一般指的是那些活动经费由国家财政列为事业项目开支的机关和部门。

新中国成立初期，国家对私立学校等采取的管理手段，开始是扶助和引导，并且明确不能随意停办和取消，以实行新民主主义的教育，但后来采取全部转公立的政策，大约在 1957 年完成私立转公立的过程。

这一历史时期，基本建立起以国家为单一举办主体和政府直接管理学校、医院及其他公共事业机构为特征的公共事业制度，并将整个公共事业的发展纳入国家计划管理的轨道。这一制度的确立和施行，迅速改变了旧中国教育、科学、文化、卫生发展水平极其落后的状况，极大地推进了科教文卫事业的发展，居民受教育的规模持续扩大，各学龄段入学人口入学率不断提高；公共卫生事业迅速发展，肆虐于旧中国的各种传染病在很短的时间内绝迹，居民人均寿命有了大幅度提高；公共文化事业从无到有，各种文化设施在全国城乡各地初步建立；科学技术事业取得了长足发展。

在 20 世纪 50 年代起步实施的国家工业化建设过程中，借鉴苏联的模式，在经济和社会各个领域先后采取了一系列公有化措施，建立起以中央政府高度集权为特征的计划经济体制，并逐步形成与此相适应的经济管理模式和公共事业管理模式。公共事业的管理，一个基本的因素就是计划，通过计划的方式来合理配置整个社会的公共资源。在资源有限的条件下，计划配置资源是一种简单有效的方式。在战争年代，尤其是中国共产党及其军队、政府的管理，实际上都只建立在党的内部管理的基础上，也就是对"人"(干部)而不是"事"的管理上。当时的"事"是非常态的，反倒是"人"较为"稳定"。事业单位名称的由来，其实当时只是一种权宜结果。1955 年 7 月，中华人民共和国第一届全国人民代表大会第二次会议通过了《关于 1954 年国家决算和 1955 年国家预算的报告》，在这份报告中，第一次正式使用了"事业单位"一词，指那些活动经费由国家财政列为事业项目开支的机关和部门。从此，事业单位和行政单位、企业单位一起，成为反映我国社会组织机构的基本概念之一。时至今日，事业单位仍是我国各类人才的重要集聚地，是社会主义物质文明和精神文明建设的重要力量，是实施科教兴国战略、推进社会主义现代化建设的重要领地。

2006 年 12 月至 2007 年 10 月，财政部组织开展了全国行政事业单位资产清查工作。资产清查结果显示，截至 2006 年 12 月 31 日，全国行政事业单位国有资产总额达到 8.01 万亿元，其中净资产总额为 5.31 万亿元，占全部国有净资产总额的 35.14%。从单位类别看，行政单位占 25.63%，事业单位占 74.37%（约 5.95 万亿元）。

根据《国务院关于 2018 年度全国行政事业性国有资产管理情况的专项报告》，截至 2018 年底，全国行政事业性国有资产总额 33.5 万亿元，负债总额 9.9 万亿元，净资产 23.6 万亿元。其中，行政单位资产 10.1 万亿元，事业单位资产 23.4 万亿元，比 2006 年增长了约 4 倍。

从总体上看，事业单位是我国社会组织的重要组成部分，为我国的经济社会发展做出了重要贡献，尤其是在推动社会发展、扩大公益服务方面，起着十分重要的作用。

三、事业单位的特征①

事业单位一般是国家设置的带有一定公益性质的机构，但不属于政府机构，其工作人员与公务员是不同的，也明显区别于企业单位，并非主要以营利为目的。事业单位主要有以下特征：

1. 服务性。事业单位主要分布在教、科、文、卫等领域，是保障国家政治、经济、文化生活正常进行的社会服务支持系统。如教育事业单位，主要功能是为社会培养合格的劳动者和各方面所需要的人才；文化事业单位，主要功能是提高全民族的文化修养和道德水平；卫生事业单位，主要功能是保障公民的身体健康，使其享受良好的医疗服务；科技事业单位，主要功能是揭示自然和社会规律，促进生产力的发展；等等。缺乏这些服务支持，或服务支持系统不健全，生产力发展就会受到制约，并影响社会稳定。经济越发展，社会越进步，对服务功能的要求标准也越高，范围也越大。服务性，是事业单位最基本、最鲜明的特征。

2. 公益性。事业单位所追求的首先是社会效益。有些事业单位在保证社

---

① 《事业单位》，参见 https://baike.so.com/doc/1685506-1782299.html；《中共中央国务院关于分类推进事业单位改革指导意见》，参见中央政府门户网站，http://www.gov.cn/jrzg/2012-04/16/content_2114526.htm。

会效益的前提下，为实现事业单位的健康发展、社会服务系统的良性循环，根据国家规定向接受服务的单位或个人收取一定的服务费用。公益性，是由事业单位的社会功能和市场经济体制的要求决定的。在社会主义市场经济条件下，市场对资源配置起基础性作用，但在一些领域，某些产品或服务不能或无法由市场来提供，如教育、卫生、基础研究、市政管理等。为了保证社会生活的正常进行，就要由政府组织、管理或委托社会公共服务机构从事社会公共产品的生产，以满足社会发展和公众的需求。我国的事业单位大多分布在公益性领域中，主要从事精神产品的生产和服务，有的虽然也从事某些物质产品的生产，但多数不属于竞争性生产经营活动，不以营利为目的。

3. 知识密集性。绝大多数事业单位是以脑力劳动为主体的知识密集性组织，专业人才是由事业单位的主要人员构成，利用科技文化知识为社会各方面提供服务是事业单位的主要手段。虽然事业单位不从事物质产品的生产，但由于其在科技文化领域的地位，对社会进步起着重要的推动作用，是社会生产力的重要组成部分，因此在国家科技创新体系中居于核心地位。

此外，事业单位在各类社会组织中是较为活跃的部分，其组织形式、服务手段、人员结构、活动方式等，会随着经济社会的发展和各项体制改革的深入，不同程度地发生相应的变化。

同时，事业单位与行政单位、企业单位等其他社会组织也在诸多方面存在不同。

与行政单位的区别有：一是内涵不同。行政单位属于国家机关，而事业单位属于社会服务组织；二是担负的职责不同，行政单位是负责对国家各项行政事务进行组织、管理和指挥，而事业单位是为了社会的公益目的从事教育、文化、卫生、科技等活动；三是编制和工资待遇的来源不同，行政单位使用行政编制、由国家行政经费负担，事业单位使用事业编制，由国家事业经费负担。事业单位有全额拨款的，有部分拨款的，还有事业单位企业化管理的，行政单位人员的工资按《公务员法》规定由国家负担，而事业单位则根据不同的管理模式实行不同的待遇。

与企业单位的区别是：事业单位是具有公益性质的为社会提供公共服务的组织。事业单位与企业单位的一个重要区别是二者的绩效工资来源不同。企业绩效工资完全取决于企业营利情况，根据企业的薪酬战略及绩效考核结果进行发放；而事业单位则不同，事业单位根据单位不同类别，其绩效工资的经费来源和保障有所不同，义务教育中小学绩效工资经费来源主要由县级财政保障，省级财政统筹，中央财政对中西部及东部部分财力薄弱地区给予适当补助。其他事业单位实施绩效工资所需经费按单位类型不同，分别由财政和事业单位负担，但事业单位的创收收入如何规定则是今后需要解决的问题。公益型事业单位如果把主要精力用在创收或提供公共服务也高价收费上，就偏离了公益性事业单位的性质，这些需要通过制度进行规范和安排。

另外，事业单位与其他社会组织还存在以下区别：一是设立的目的不同。设立事业单位的目的是为了向社会提供某方面的公共服务，这些服务都是经济、社会发展必需的，是公众生活不可缺少的，并不以营利为目的；设立企业的目的是为了在竞争性领域中获取利润；设立社团的目的是为了不同的社会群体表达自己的合法意志；设立党政机关的目的是为了实施政治领导和行政管理。因此，事业单位的设立目的同党政机关、企业、社会团体有很大的区别。二是在国家政治、经济、社会生活中的地位和作用不同。国家机关、党派团体是政治体制的一部分，在政治体制运行中发挥着不同的作用；企业是在经济领域进行竞争性经营活动，通过创造物质财富，满足人民的物质需求，并追求经济利益的最大化；事业单位主要是在科、教、文、卫等领域中，从事社会服务，满足经济建设和人民群众的精神文化生活需求，对政治体制的运行、生产力的发展以及社会生活的正常进行，起着重要的、不可替代的支持保障作用。

四、事业单位的分类[①]

根据《事业单位登记管理条例》规定，按举办单位进行划分，事业单位可以分为以下几类：一是各级党委、政府直属事业单位；二是各级人大、政协机关、人民法院、人民检察院，各民主党派机关举办的事业单位；三是各级党委部门和政府部门举办的事业单位；四是使用财政性经费的社会团体举办的事业单位；五是国有企业及其他组织利用国有资产举办的事业单位；六是依照法律或有关规定，应

① 《事业单位登记管理暂行条例》(1998年中华人民共和国国务院令第252号发布)、《国务院关于修改〈事业单位登记管理暂行条例〉的决定》(修订)(2004年6月27日国务院令第411号)。

当由各级登记管理机关登记的其他事业单位；七是上述事业单位举办的下属事业单位。按行业性质进行划分，事业单位主要分为以下类别：教育事业单位、科技事业单位、文化事业单位、卫生事业单位、体育事业单位、新闻出版事业单位、广播电视事业单位、勘查设计事业单位、勘探事业单位、农业事业单位、林业事业单位、畜牧业事业单位、渔业事业单位、水利事业单位、交通事业单位、气象事业单位、地震测防事业单位、海洋事业单位、环境保护事业单位、信息咨询与计算事业单位、知识产权事业单位、进出口检验事业单位、物资仓储事业单位、城市公用事业单位、社会福利事业单位、经济监督事务事业单位、法律咨询服务事业单位、人才交流事业单位、机关附属单位服务事业单位、其他中介服务事业单位等。

从举办资金性质不同，还可以分为利用国有资产举办的事业单位和社会资本举办的事业单位。社会资本举办的事业单位，国家一般不给予拨款补助。

根据国家事业单位分类改革精神，事业单位改革后将分为公益一类事业单位、公益二类事业单位。公益一类事业单位，财政给予主要经费补助；公益二类事业单位，财政只给予部分财政补助。

五、事业单位改革与发展①

改革开放至今，我国事业单位改革经历了如下四个阶段：

第一阶段为1978—2001年。

1978年，《人民日报》等报刊提出事业单位进行“事业体制，企业化管理”，拉开了我国事业单位改革的序幕。20世纪80年代中期改革开始系统展开。1985年，国家连续出台了事业体制改革相关政策：3月出台《关于科学技术体制改革的决定》，4月出台《关于卫生工作改革若干政策问题的报告》，5月出台《关于教育体制改革的决定》《关于艺术表演团体改革的意见》。1996年出台了《中央机构编制委员会关于事业单位机构改革若干问题的意见》。其中，科学技术领域改革在这一阶段处于改革前列。1992年，原国家科委等部委印发《关于分流人才、调整结构、进一步深化科技体制改革的若干意见》，稳定支持基础性研究和基础性技术工作；放开放活技术开发机构、社会公益机构、科技服务机构；基本完成科技系统的结构调整。同时，要求尊重知识、尊重人才，充分调动和发挥广大科技

① 朱艳鑫. 赵立波. 我国事业单位改革历程回顾[N]. 中国科学报，2014-10-24(006).

人员的主动性、积极性和创造性。1999 年,中共中央国务院颁布《关于加强技术创新,发展高科技,实现产业化的决定》,对科研院所改革进行更全面系统的部署,明确各类科研机构改革与发展方向。

这一阶段事业单位改革的特点主要表现在:第一,逐步确立以政事分开为主线,以社会化为方向,以分类改革为推进战略。第二,机制僵化、效率低下问题得到一定程度改善。第三,事业单位快速膨胀问题逐步得到解决(改革开放以来我国事业单位从 1978 年的 1 100 多万人,到 1990 年的 2 157 万人,再到新千年初的 3 000 万人,几乎每隔十年人员膨胀 1 000 万左右)。

然而,事业单位改革与政府改革、国有企业改革相比明显滞后,改革过程中出现了一些突出问题,如政事不分、企事不分、管办不分、资源配置效率低、服务公平性下降特别是“过度市场化”等。

第二阶段为 2002—2006 年。

中共十六大提出按照政事分开原则,改革事业单位管理体制。紧接着十六届三中全会提出继续推进事业单位改革,十六届五中全会通过《中共中央关于制定国民经济和社会发展第十一个五年规划的建议》。2006 年,中央机构编制委员会办公室经国务院批准,制定了《关于事业单位分类及相关改革的试点方案》,提出事业单位分类框架及分类改革意见并拟选择部分地区开展改革试点。在此基础上,部分省市拟定了分类改革方案,进行了摸底调查、清理整顿、模拟分类与改革试点工作。相应地,人事制度、收入分配制度、养老保险制度和财政政策等方面改革不同程度推进。2006 年 2 月 9 日,人事部发布实施《事业单位公开招聘人员暂行规定》,首次对事业单位人员招聘进行专门规定。在 2002 年启动并不断推进聘用制的同时,2006 年 11 月启动岗位设置管理制度实施工作,聘用制度、岗位管理两大基本人事制度开始形成,为由固定用人向合同用人转变、由身份管理向岗位管理转变,以及实现职务能上能下、人员能进能出、待遇能高能低奠定基础。2006 年 7 月起,改革事业单位工作人员收入分配制度,建立岗位绩效工资制度。养老保险制度和财政政策改革也进行了探索与局部试点。

第三阶段为 2007—2011 年。

中共十七大提出加快行政管理体制改革,建设服务型政府,并提出加快推进事业单位分类改革。十七届二中全会《关于深化行政管理体制改革的意见》指出，要按照政事分开、事企分开和管办分离的原则，推进事业单位分类改革。2008 年 11 月，中央编办印发《关于事业单位分类试点的意见》。同年，山西、上海、浙江、广东、重庆进行事业单位分类改革试点。人事制度方面配套改革继续推进：一是聘用制度推行面不断扩大，截至 2011 年全国签订聘用合同的事业单位工作人员达 90%；二是岗位设置管理制度实施工作全面推开，全国 31 个省区市都已经开始实施；三是公开招聘制度稳步实施，全国参加事业单位公开招聘的有 1 850 多万人次，实际聘用 184 万人。收入制度方面，2009 年事业单位实施绩效工资，分三步展开：从 2009 年 1 月 1 日起在义务教育学校实施；配合医药卫生体制改革，从 2009 年 10 月 1 日起在公共卫生与基层医疗卫生事业单位实施；从 2010 年 1 月 1 日起，在其他事业单位实施。

第四阶段为 2012 年至今。

2012 年 4 月 16 日发布的《中共中央、国务院关于分类推进事业单位改革的指导意见》，对改革的重要意义、指导思想、基本原则、总体目标与主要内容等进行整体部署，强调以科学分类作为改革基础，按照社会功能将现有事业单位划分为承担行政职能、从事生产经营活动和从事公益服务三个类别（以下简称行政类、经营类、公益类），其中，公益类事业单位根据职责任务、服务对象和资源配置方式等情况细分为公益一类、公益二类。

改革的阶段性目标是：到 2015 年，在清理规范基础上完成事业单位分类。总体目标是：到 2020 年，建立起功能明确、运行高效、治理完善、监管有力的事业单位管理体制和运行机制，构建政府主导、社会力量广泛参与的公益服务新格局，形成基本服务优先、供给水平适度、布局结构合理、服务公平公正的中国特色公益服务体系。

第二节　科学事业单位概述

一、科学事业单位的定义及特征

科学事业单位，是指从事科学技术研究和应用开发的组织机构。科学事业单位除了具有一般事业单位的特征外，还具有以下主要行业特征：

一是以自然界、人类社会的发展规律为研究对象，担负着科技开发、知识创新的重要使命，是实现科教兴国战略的主导力量；

二是多集中于大中城市和大的行业，同政府部门、企业、其他类型的事业单位及社会各界有密切的合作关系；

三是研究方式、手段差异较大，管理形式多样化。

二、科学事业单位的类型①

最早关于科学事业单位的分类尝试，源自科学事业单位经费的分类管理。国家根据不同类型科学技术活动的特点，实行科学事业单位经费的分类管理，从而将科学事业单位自然划分为全额拨款科学事业单位、差额拨款科学事业单位、自收自支科学事业单位三种类型。关于科学事业单位的分类，另一种传统的做法是根据科学事业单位项目及其成果的公益性与非公益性，将科学事业单位简单划分为两类——社会公益类与技术应用型。其中，技术应用型由于缺乏社会公益服务属性以及凸显的自我发展能力，大多已转制为企业，依靠市场发展，自负盈亏，简言之，此部分科学事业单位已不属于事业单位范畴。而社会公益类科学事业单位因其突出的公益服务属性，被划归为事业单位，主要由政府提供财政支持。

具体而言，社会公益类科学事业单位是对从事“社会公益事业、技术基础、农业科学研究类型”科学事业单位的统称。1986 年 3 月原国家科委颁布的《关于科研单位分类的暂行规定》中，对此类科学事业单位做出了外延列举式的定义：“凡专门从事以下工作之一的单位，即属社会公益类科学事业单位——社会公益事业，如医药卫生、劳动保护、计划生育、灾害防治、环境科学等；技术基础工作，如情报、标准、计量、观测等；农业科学研究工作。”然而，作为科学技术的研究机构，其研究项目及成果的公益性与非公益性的划分本身就具有相对性，因此，科学技术研究的公益性与非公益性难以界定。上述分类方法仅对社会公益类科学事业单位作出了外延列举式的定义，略显片面，不仅忽视了一部分技术应用型科学事业单位的公益性，也未将一部分涉及公共利益而消费无法排他又无法计量

① 诸玲. 我国科研机构分类改革研究[D]. 南京：南京大学，2011.

的科研产品的研发列入公益性范围。

科学事业单位的主要类别是：自然科学研究事业单位，包括基础型科研院所、公益型科研院所、技术开发型科研院所等；社会科学研究事业单位，包括基础理论研究院所、人文历史研究院所等；综合性科学研究事业单位；其他科技事业单位。

三、科学事业单位的发展现状

科学事业单位属于科研机构，随科研机构发展与改革而变迁。中国最初的科研体系是在计划经济体制下参照苏联模式建立起来的，独立于经济体制之外，具有政府主导的典型特点，主要表现为科研机构的事业费和科研经费由政府财政全额拨款，项目任务和课题由政府计划下达并且无条件完成，机构人事实行行政化管理。这一时期，所有科研机构分属中国科学院、中央政府部门、高等院校、国防部门和地方政府，号称"五路大军"。

在新中国成立初期及其后的一段时期内，上述特色的科研体系对我国的经济社会发展起到了积极的推动作用。但随着时代的发展，经济体制、政治体制等外部制约因素作用加强，科研活动逐渐与社会需求脱节，科研机构效益效率低下，科技管理呈现条块分割状态。直至 1988 年，邓小平同志明确提出"科学技术是第一生产力"这个重要的科学论断，拉开了中国科研机构改革的序幕。

以拨款制度改革为重点的第一阶段。实行改革开放之后，党中央、国务院采取了一系列措施，对科技、教育、文化等部门进行改革。1985 年 3 月，《中共中央关于科学技术体制改革的决定》的颁布标志着我国科研机构改革正式拉开序幕。此次改革试图以拨款制度改革作为突破口，改变科研机构吃"大锅饭"的局面，重点推行科研机构拨款制度的改革，按照不同类型科学技术活动的特点，实行经费的分类管理。该决定还要求改革从实际出发，分层次、分类型、有步骤地进行，避免"一刀切"。在此基础上，1986 年 1 月，针对拨款制度，国务院颁布了《关于科学技术拨款管理的暂行规定》，进一步改革了科研事业费拨款管理办法，提出对从事技术开发工作和应用研究工作的单位、从事基础研究应用研究工作的单位以及从事社会公益事业的研究单位科研单位采取不同的拨款制度。可以说，以拨款制度为突破口的这一阶段的改革，从经费管理的角度优化了我国传统的科研体系，试图打破我国科研体系全盘“一刀切”管理的局面，是科研机构分类管理、分类改革的一次重大尝试。

以内部运行机制改革为重点的第二阶段。拨款制度的改革在一定程度上强化了科研机构的活力，但外部的改革并没有真正使科研机构内部管理体制发生变化。因此，1990 年，国家科委、国家体改委联合颁布了《适应社会主义市场经济发展，深化科技体制改革实施要点》，提出要在微观、宏观两个方面对科研机构做进一步改革。在微观方面，目标是要建立现代科研院所制度、现代科技企业制度，形成现代化研究开发体系和“开放、流动、竞争、协作的科学研究机制”。在宏观上，目标是建立现代科技行政管理体制，健全完善的科技政策体系和法律体系。

此后，科研机构的改革转入更为微观的领域，改革的重心逐渐转移到科研机构领导体制改革、组织结构调整、人事制度改革等内容上来。例如，1995 年 5 月，中共中央国务院颁布《关于加速科学技术进步的决定》，指出在有条件的科研院所，可试行院所长负责制等新型管理制度。这些新制度的颁布实施，使得科研机构在组织结构、领导体制、任用制度、工资分配制度等方面的改革都取得了新的进展。但由于改革后的科研机构自主性逐步增大，科研机构开始面临经济效益与社会公益目标之间的矛盾。

以科研机构转制为重点的第三阶段。1996 年，国务院颁布《关于“九五”期间深化科技体制改革的决定》，提出“九五”期间要推动科研机构面向经济建设主战场。其中，对于具备条件的科研机构，可作为企业的技术开发机构，直接进入企业。一些为行业服务的科研机构，可以成为行业技术开发机构，具体可以采用会员制、股份制等形式。其余的技术开发和技术服务型机构，要创造条件实行企业化管理，以多种方式进入市场，提高其竞争力，尤其是可以将那些具有研究优势、形成自我发展能力的科研机构直接转变为企业。

按照这个目标，迄今为止，大部分技术应用型科研机构已经通过转制为科技型企业或中介服务型企业、进入企业、相互重组为企业、与企业实行并购等模式，增强了技术创新和产业化能力，实现了企业化转变。这一时期的科研机构改革，可以说是我国全面推行科研机构分类改革的重大尝试，也取得了阶段性的改革成果。技术应用型科研机构以各种方式成功转制为企业，社会公益类科研机构也通过调整结构、分流人员等措施，在一定程度上完善了自身的管理与运行。

党的十八大以来，我国全面实施创新驱动发展战略，党和国家高度重视科学事业的发展，财政大力支持，财政经费实现持续快速的增长。科学事业单位作为提供科技社会化公共服务产品的组织，是国家创新体系的重要组成部分，承担着促进中国科学事业发展的重要职能。随着“钱袋子”越来越重，相应的责任和风险也越来越大。科学事业单位作为提供科技类社会化公共服务产品的组织，是国家创新体系的重要组成部分，承担着促进我国科学事业发展的重要职能。作为承担国家科技项目的重要力量，科学事业单位内部控制体系完善程度直接影响到科技项目执行的好坏。

过去科学事业单位经济业务比较单一、内部管理比较粗放，大多凭经验和惯例做事。近些年，随着科学事业的不断发展、格局的重塑，财政经费快速增长，经济业务活动逐渐多元化、复杂化、国际化，已有的管理模式已经不能满足事业发展的需求，迫切需要全面加强和规范单位的内部管理。2012 年 12 月，财政部印发《行政事业单位内部控制规范》，这为内控建设提供了理论基础，为实施工作指明了方向。

第二章

科学事业单位财务管理①

第一节　管理目标

随着我国科技投入的不断增加，作为科技事业发展的主力军，科学事业单位财务管理也越来越受到人们的关注。

一般来讲，单位日常的内在管理需求就是财务管理的目标。就现阶段而言，科学事业单位的内在管理需求主要体现在：要求财务部门能够为单位的发展提供尽可能全方位的支撑；要求财务部门能够为运行中的单位全面及时发掘各种潜在的风险；要求财务部门能够为单位领导的各类决策提供有力的数字支撑。

只有财务管理满足了科学事业单位内在的需求，达到了财务管理的目标，科学事业单位在运行中才能实现风险可控，才能高效地开展各项工作，才能使决策数字化，才能增加决策的可靠性和真实性。

立足于时代发展的高度，科学事业单位依据政府会计准则的要求，构建新的财务管理系统，以有效控制单位财务风险。自《会计改革与发展"十三五"规划纲要》《管理会计基本指引》《政府会计制度》等陆续出台后，科学事业单位财务管理

---

① 财政部，国家科委. 科学事业单位财务管理实用手册[M]. 北京：当代中国出版社，1997.

改革已是大势所趋。科学事业单位不再局限于传统的管理方式,无论是管理理念还是管理措施,都需贯彻落实财务管理思想。因此,无论是从时代发展需要还是从国家政策环境来看,科学事业单位都要朝着科学化、信息化与精准化的方向,构建其网络化、信息化与高效化的财务管理体系,在加强财务风险控制的同时,消除潜在财务风险和隐患,从管理体系、管理机制、管理理念上贯彻落实新政策文件对科学事业单位财务管理的各种要求,为我国科研事业发展提供财务保障和支撑,筹集有限的财力、物力提升科学事业单位的科技创新能力和开发创收能力,以推动科学事业单位向现代化和精准化方向发展。

第二节 管理任务

长期以来,我国科学事业单位承担着国家的重要科研任务,如国家重点研发计划、国家自然科学基金、国家科技重大专项等许多重要项目,在国家科技事业发展中起着举足轻重的作用。因此,规范科学事业单位的资金运作、加强科学事业单位的财务管理,对于促进科学事业单位发展具有重要意义。

科学事业单位按照国家有关部门的方针、政策、法规和财务制度,有计划地筹集、分配和运用资金,对单位经济活动进行核算、财务监督与控制,以保证科技管理工作、科研经营活动和科学事业计划与任务的全面完成。其主要任务是合理编制单位预算,严格预算执行,完整、准确编制单位决算报告和财务报告,真实反映单位财务状况和运行情况;依法组织收入,努力节约支出;建立健全财务制度,加强经济核算,实施绩效管理,提高资金使用效益;加强资产管理,合理配置和有效利用资产,防止资产流失;加强对单位经济活动的财务控制和监督,防范财务风险。

第三节 管理内容

从业务层面,科学事业单位财务管理的主要内容包括:单位预算管理、收支管理、资产管理、负债管理、财务清算、财务报告和财务分析等。

从管理层面，科学事业单位结合本单位与行业实际，运用现阶段最先进的管理技术与计量及控制的信息系统，通过提升会计计量与财务控制的准确性、及时性和有效性，有序地推进内部的财务管理水平。财务管理的精细化和科学化是相互补充、互为条件、缺一不可的，对单位内外部管理环境也提出了较高要求。首先，财务人员要具备系统全面专业的财务管理综合素质，把握财务管理的最新趋势以及宏观经济基本情况、本行业发展新趋势；其次，单位领导决策层能够及时根据最新信息技术与数据科学发展情况，更新财务管理信息系统、配备培养相应的财务人员，提升计量与合规控制的自动化水平，提高财务计量控制的精细化水平；再次，优化财务管理流程、科学选择财务决策与评价方式，运用科学实用的财务决策工具，通过基础财务计量数据的分析与研究，确保决策的准确高效，大幅度提高科学事业单位的财务管理工作效率。

第四节　政府会计制度改革的新要求

为推进国家治理体系和治理能力现代化，2017 年 10 月，财政部出台了《政府会计制度——行政事业单位会计科目和报表》。2019 年 1 月 1 日起，根据财政部要求，科学事业单位按照政府会计制度及其相关规定进行会计核算、编制财务报表及预算会计报表，不再执行《科学事业单位会计制度》，科学事业单位的财务管理随之有了新的变化。

一、对财务管理精细化水平有了更高要求

科学事业单位需要同时开展预算会计和财务会计核算，且会计科目设置更加细化，这些都使得单位核算复杂程度和细致程度有所增加，也对日常财务管理各项工作提出了更高的要求，只有财务管理工作到位，才能为财务会计和预算会计核算提供真实可靠的基础数据和信息，以保证核算的时效性和高效性，全面准确反映其运营情况。

二、重新审视科学事业单位的预算管理和成本管理

新的会计核算科目设置采用八要素，而且各个要素科目之间并不是独立的，存在着复杂的逻辑勾连，这就要求单位不论是对财政预算资金的使用还是日常成本核算都需要慎之又慎，预算管理和成本管理需要得到更多的关注和重视，必须以新会计制度核算要求为准绳，通过调整优化以适应最新财务工作要求。

三、财务信息使用价值更可靠

由于《政府会计制度》引入了权责发生制，也增加了坏账准备、预计负债等核算内容，以及资产折旧或摊销的计提等，因此这些核算变化都使得账务处理所生成的财务数据更具有可比性和相关性，它们所展现出来的业绩也更能够说明科学事业单位的运转成效。同时数据信息更具有使用价值，可以为单位财务管理提供真实有效且可直接使用的信息支撑，也便于财务管理和绩效分析评价工作的开展。

第三章

财力保障能力分析与评价

第一节 财力保障能力概述

一、财力保障能力的定义

财力是指全社会在价值形态中表现出的财务实力，反映其可支配资金的数量水平。财力保障能力便是这种财务实力的雄厚程度。

二、财力保障能力评价的意义与发展

“财力保障能力评价”最初是政府部门评价财政为政府提供公共产品和公共服务保障作用的发挥程度，本节主要探讨科学事业单位财力保障能力评价的意义及发展。政府会计制度改革以后，科学事业单位的会计核算基础是收付实现制与权责发生制并行，预算会计和财务会计并行，既重视公共管理效率也重视会计管理效率。

从理论上看，财力保障能力评价结果披露的信息若能够全面、完整、准确地反映出单位的财务状况与运营保障能力，对于政府而言，有利于政府决策机关选择、制定公共政策，促进政府合理有效地配置资源；对于社会公众而言，有利于了

解、判断并评价政府的全部活动和行为。财力保障评价结果披露有利于提高财政透明度及绩效评价、改善公共治理。评价结果的外部使用者（社会公众、民间投资者等）和内部使用者（政府、科学事业单位、审计机关等）可根据自身信息需求，合理使用财力保障能力评价结果，有利于做出合理判断。

从现实意义上看，我国现有的对事业单位的财力保障能力评价的研究较少，几乎没有对科学事业单位的财力保障能力评价体系的系统构建。缺少能准确反映单位运行财力保障能力的研究，不能准确把握财力保障能力的短板和问题症结，不利于单位公共管理能力和会计管理能力的提升。政府会计制度改革以后，我们获取资产负债状况、收入和费用以及成本绩效情况变得更加便利。对相关信息进行收集、整理和加工，形成财力保障能力评价的工作是十分必要的，有利于注意防范风险，加强单位的公共管理能力，增强信誉。随着我国经济、政治体制改革的不断深入，政府活动和行为更加明确以公共利益为导向，也需要更为全面的财务信息来帮助政府加强对公共资源的管理。社会公众因其民主意识的不断增强，希望更多地了解政府受托责任的履行情况，所以这一做法也顺应了民意，满足社会公众日益增长的信息需求。科学事业单位的公益性，决定了其特有的管理运行的复杂性与特殊性，往往以国资为主，主要分布在医疗、科技、卫生、文化等行业，更加注重社会效益。如果长期不能掌握单位财力保障情况，势必造成财务管理低效率、财务信息不透明、决策效率低下，甚至带来重大决策失误等问题，造成社会大众的满意度降低，甚至严重影响政府部门的执政形象。因此，科学构建科学事业单位的财力保障能力分析与评价体系，有利于提升财务管理工作的效率和质量，助力内部运行与决策效率的提升，有效推动其社会职能的发挥，提升社会效益，维护政府社会形象。

第二节　企业财务分析与借鉴

一、概述

企业财务分析是以会计核算和企业报表资料及其他相关资料为依据，采用一系列专门的分析技术和方法，对企业等经济组织过去和现在的有关筹资活动、投资活动、经营活动、分配活动的盈利能力、营运能力、偿债能力和增长能力状况进行分析与评价的经济管理活动。企业财务分析是企业的投资者、债权人、经营者及其他关注企业的组织或个人，为了解企业过去的财务状况以及相关财务数据、评价企业现状、预测企业未来做出正确决策而提供准确的信息或依据的方法。

二、基本理论

1. 企业财务分析与评价内容

企业财务分析与评价主要包括对盈利能力、偿债能力、营运能力和成长能力这四个方面的分析与评价。

盈利能力。企业盈利能力分析与评价通常运用到的指标包括：净资产收益率、总资产收益率、营业利润率、销售净利率和每股收益等财务指标。

偿债能力。企业偿债能力分析与评价通常运用到的指标包括：资产负债率、速动比率、流动比率和利息保障倍数等。

营运能力。企业营运能力分析与评价通常运用到的指标包括：存货周转率、总资产周转率和应收账款周转率等。

成长能力。企业成长能力分析与评价通常运用到的指标包括：总资产增长率、净资产增长率、主营业务收入增长率和净利润增长率等。

企业成长的核心是企业价值的增长。这几个财务指标的计算方法比较简单，在此不再赘述。

2. 企业财务分析常用方法

企业盈利能力、偿债能力、营运能力和成长能力的各种财务分析指标常用于企业财务分析与评价，但单独分析财务指标是难以全面评价企业的财务经营状况的。要对企业财务进行全面的剖析，必须采取适当的方法，对企业财务进行综合分析与评价，从而对企业经济效益作出较为准确的评价与判断。

企业财务分析与评价的方法主要有杜邦财务体系分析法、沃尔比重评分法、EVA财务评价方法和现金流量评价方法等，这里着重介绍较为常用的杜邦财务体系分析法，该方法符合公司的理财目标且有利于委托代理关系而被广泛运用。

杜邦财务体系分析法是美国杜邦企业提出的一种财务分析方法，是利用几种主要的财务指标之间的关系来综合分析企业的财务状况。它是一种从财务角度来评价公司盈利能力和股东权益水平的经典方法。

杜邦分析法中的几种主要的财务指标关系为：

净资产收益率＝资产净利率×权益乘数

资产净利率＝销售净利率×资产周转率

净资产收益率＝销售净利率×资产周转率×权益乘数

权益乘数＝总资产/净资产(权益)

杜邦模型最显著的特点是将若干个用以评价企业经营效率和财务状况的比率按其内在联系有机地结合起来，形成一个完整的指标体系，并最终通过权益收益率来综合反映(见图 2—1)。采用这一方法，可使财务比率分析的层次更清晰、条理更突出，为报表分析者全面仔细地了解企业的经营和盈利状况提供方便。

杜邦分析法有助于企业管理层更加清晰地看到权益资本收益率的决定因素，以及销售净利润率与总资产周转率、债务比率之间的相互关系，给管理层提供了一张明晰的考察公司资产管理效率和是否最大化股东投资回报的路线图。

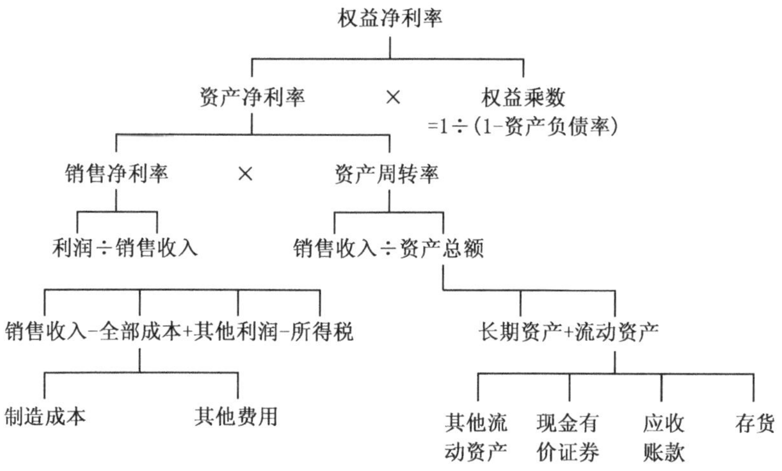

图 2—1　杜邦财务体系构成图

但从企业绩效评价的角度来看，杜邦分析法只包括财务方面的信息，不能全面反映企业的实力，有很大的局限性，在实际运用中需要加以注意，必须结合企业的其他信息加以分析。主要表现在：

一是对短期财务结果过分重视，有可能助长公司管理层的短期行为，忽略企业长期的价值创造。二是财务指标反映的是企业过去的经营业绩，衡量工业时代的企业能够满足要求。但在目前的信息时代，顾客、供应商、雇员、技术创新等因素对企业经营业绩的影响越来越大，而杜邦分析法在这些方面是无能为力的。三是在目前的市场环境中，企业的无形知识资产对提高企业长期竞争力至关重要，杜邦分析法却不能解决无形资产的估值问题。

三、方法借鉴

一是我们要深刻理解杜邦分析法等企业财务分析评价方法，充分认识杜邦分析法对实现公司理财目标、缓解公司代理冲突、化解公司金字塔风险所具有的重要作用；二是要完善科学事业单位的财务与会计的各项基础工作，建立健全财务与会计的各种规章制度，保证财务与会计信息的真实性、完整性、可靠性、及时性；三是借鉴杜邦分析法等企业财务分析评价方法的指标设置和分析评价思路，针对科学事业单位的实际需求，建立科学事业单位财力保障的分析评价体系；四是要把财务分析与评价从事后财务分析延伸到事前战略规划和事前目标责任；最后，在进行科学事业单位财力保障能力分析的时候，要注意各项财务指标的影响关系和动态发展趋势，并适时进行合理的调整，更有利于评价体系建立的合理性。

第三节　政府财力分析与借鉴

一、概述

政府财力，是指政府在维持机构正常运转和提供公共产品、公共服务过程中拥有的财政收入水平。

1994 年，我国财政管理体制发生变革，分税制走上历史舞台。分税制的成效明显，中央政府的宏观调控能力明显加强，为我国经济社会的全面发展做出了重大贡献。但是，分税制也遗留下了问题，财力向中央政府集中，事权向地方政府下放，中央政府财力充足，地方政府财力短缺，势必影响地方政府管理职能的有效发挥。县级政府作为地方政府中的“地方政府”，其面临的境况更加严峻。虽然我国幅员辽阔，区域间经济和社会的发展水平存在客观差距，但县级政府财力短缺的境况普遍存在。如此贴近人民群众的政府机关缺乏财力，其提供的公共产品的质量和水平必然有限。长此以往，地方政治、经济、文化、社会等方面的问题就会显现出来。当然，这个问题也受到了社会各界的广泛关注。在理论研究方面，我国学者就财政管理体制的完善提出了诸多见解，给未来的工作提供了参考和思路。在实际工作中，财政部从 2010 年起制定了一系列保障县级政府基本财力的政策措施，其基本原则为：进一步完善省以下财政体制，明晰县级政府的财权和事权范围，在此基础上配合推行省以下转移支付制度和省直管县等制度，并加强预算管理。此外，财政部于 2013 年制定相关奖补资金管理办法，补充并提高县级政府财力保障水平，奖励财力均衡情况有所改善的地区政府。以上是当前县级政府财力保障制度的主要内容，县级政府财权和事权的划分是基础，转移支付、“省直管县”、奖补资金等制度是进一步提高县级政府财力保障水平的补充举措。

二、基本理论①

（一）公共产品理论

关于政府体制和结构的问题，在很大程度上可以追溯到公共产品身上。产品分为私人产品和公共产品，私人产品可以由市场有效提供，而公共产品与私人产品相比有三个典型的特征，即消费的非竞争性、收益的非排他性以及效用的不可分割性，消费的非竞争性表明每个人对这种产品的消费不会导致其他人消费的减少，效用的不可分割性指的是公共产品不能分割，只能作为一个整体供大家消费，受益的非排他性意味着任何人不能排除其他人的消费。公共产品的这些特性，使得私人部门在提供公共物品时效率很低，这就需要市场之外的政府来提供这些公共产品。政府的职能之一就是向人民提供所需要的公共产品，政府借

① 谢磊. 湖北省县级政府财力保障问题研究[D]. 武汉：中南财经政法大学，2017.

助权力，通过将征税取得的资金用于公共产品的供给，成功实现将公共产品的成本分摊并使每个国民从中获益。公共产品可划分为全国性公共产品和地方性公共产品，全国性公共产品受益范围涵盖全国所有地区，可供全国人民享用，像国防、法律等，人们对这类产品的偏好差异小，中央政府能够更有效地提供，而地方政府却无力承担这类其他辖区也会受益的产品，从这个角度出发，全国性公共产品理应由中央政府来提供。而地方公共产品一方面由于在消费上受地理空间限制，受益范围往往被限定在一定的区域内，超过这一范围的居民就无法获得相应的利益；另一方面相对于中央政府，地方政府对自己所管辖范围内居民的偏好了解得更好，因此可以提供更符合本地居民需求的产品，基于效率方面的考虑，地方公共产品的提供更应该由各级政府来负责。公共产品提供的效率原则，对政府的分级提出了要求，在客观上也对各级政府的支出划分了责任。县级财政是基层财政，基于效率原则，理应承担辖区内公共产品的供给，而县级基本财力则主要是保障基本公共产品的供给。公共品的供给划分有利于理解政府间职责的分配问题。我国有五级政府，各级政府必须建立与之相对应的分级财政来实现其职能，客观上要求建立与之相匹配的财政体制，从这一点来看，公共产品理论可以成为分析县级基本财力保障问题的基础。

（二）基本公共服务均等化理论

公共服务的概念最早由德国社会政策学派代表瓦格纳提出，他认为社会经济的发展将会使得企业、家庭、个人等微观主体由主要注重私人产品需求逐渐增加对公共产品的需求，而且公共服务对于社会经济发展有着重要的作用，因此，政府的作用不只限于维护市场经济正常运作，还需要发挥增强社会文化和福利的作用。20 世纪 40 年代后，西方公共财政研究的重心转移到政府对公共服务的提供方面，布坎南从财政剩余角度提出了基本公共服务均等化思想，他提出能够取得相等财政剩余的个体的情况具有相似性，并把这种均等化称为财政均等，而要实现财政均等则需要征收富裕地区公民的一部分税收来转移给财力相对贫困的地区。关于基本公共服务均等化的内涵主要可以从以下几个方面来理解：一是基本公共服务均等化并不是保证每个人在基本公共服务的实际消费上平均，而是指给每个人提供平等消费基本公共服务的机会，这里的平等包含了机会、过程与结果的均等。二是均等化具有一定的层次性，视不同国家的经济发展水平、自然环境差异水平而不同；也就是说，在保证最低水平的基本公共服务供给上允许存在地区差异。三是均等化是一个动态的过程，社会公众对基本公共服务均等化的要求会随着经济发展水平和认识的变化而发生变化。在经济发展水平较低的情况下，基本公共服务的内容相对较少，保障水平也较低，但随着社会经济的发展，基本公共服务均等化的内容和标准在不断提高，并最终实现结果的均等。在我国目前的财政体制下，相对于中央和省市级财政，县乡财政掌握的财权少之又少，与上级之间存在较大的差距。同时由于各地方之间资源禀赋以及历史因素等条件制约，区域之间财政也存在差距，主要表现为公共服务的配置在城乡之间、区域之间不均等。实现基本公共服务均等化需要政府财政向基层倾斜，向财力薄弱的地方倾斜，这就需要政府采取相关政策弥补上下级政府以及不同地区之间政府财政的差距，满足财力薄弱地区的财政支出需要，促进基本公共服务均等化。

（三）财政分权理论

传统财政分权理论随 20 世纪 50 年代公共财政理论的发展演变而成，对财政分权的合理性、必要性给出了一定的解释和说明，其研究的一个基本问题是如何在各级政府之间合理分配各项财政职能以及相应的财政工具。传统财政分权理论主要以蒂布特（Tiebout，1956）、马斯格雷夫（Musgrave，1959）、奥茨（Oates，1972）为代表。蒂布特指出，由于人们拥有社区之间的充分流动性，因此可以“用脚投票”，选择公共产品和税收组合能使自己效用最大化的社区政府，由此导致社区之间的竞争而使资源有效配置，达到社会福利的最大化。马斯格雷夫认为，高效率的财政体制模式要求有多级财政单位的存在，而不同级政府单位在规模和地区范围上都有区别。其中，属于全国性的公共产品需要由中央政府提供；属于区域性的公共产品则应该由地方政府提供。奥茨的分权定理指出，地方政府与中央政府相比，更了解其所管辖范围内公民的需求，如果下级政府和上级政府能够提供相同的公共产品，则由下级政府提供的话会更有效率。传统财政分权理论认为政府是公共利益的守护者，会用合适的手段纠正由各种原因造成的市场失灵，会尽所有的可能最大化社会福利。而始于 20 世纪 90 年代中期以后第二代财政分权理论对传统的财政分权理论产生了质疑。第二代财政分权理论以钱颖一和罗兰等学者为代表，将企业理论和微观经济学理论引入财政分权研究，认为政府官员也是“经济人”，会追求自身利益最大化，只要缺乏约束，他们就会有寻租行为，因此，必须对政府官员进行约束，在构造政府治理结构时要考虑到制度问题和相应的激励机制。随着研究的深入，进入 21 世纪后财政分权关注的重点也由体制本身拓展为更关注财政最优分权程度、财政分权对经济社会的影响及效应的研究。主要涉及财政分权对经济增长的影响，财政分权对地方公共服务的影响，财政分权对腐败、环境污染等社会问题的影响。一直以来，财政分权的目的是通过给予地方政府一定的自主权力，使得处于基层的政府能够更好地提供公共服务和公共产品，然而中国的财政分权在实践过程中，对于各级政府间财政分配关系的决定权在上级手中，这种分配模式使得财政资金层层上移集中到上级政府手里，县级政府到手的很少，在一定程度上加剧了基层财政困境。而解决县级财政问题，需要合理划分县级财政的事权、支出范围，不断完善以分税制为基础的分级财政。

（四）转移支付理论

转移支付概念最早由庇古在其 1928 年出版的《财政学研究》一书中提出，庇古把国家经费分为转移经费和消费类经费，其中，转移经费是在国民经济中通过强制转移国内购买力来调节所得分配关系，而并不消耗任何财货。庇古之后，转移支付概念逐渐得到完善，在凯恩斯主义提出以后，转移支付随着国家干预的加强在政府财政支出中所占的比例逐渐扩大。随着各国财政分权体制的发展，转移支付作为协调各级政府间财力关系、缩小地区间差异的手段，成为有效维持分权财政体制不可或缺的组成部分。政府间的转移支付有三个方面的显著特点：一是转移支付作为一种财政资金分配活动，只限于在政府之间转移，且转移方向只能是由富向穷转移；二是政府间转移支付的无偿性，转移支付是按照均等化原则在政府间进行资金的分配，是一种不以取得商品或劳务作为补偿的资金转移；三是政府间在转移支付过程中，不增加社会资金供应量，不影响市场供需，而只是改变资金的使用权，即使得资金使用权从一个实体转向另一个实体。转移支付既包括同级政府之间的横向转移支付，也包括上级对下级的纵向转移支付。

一方面，任何国家都需要中央财政集中较多的财权财力来维持自身的权威性，而针对由于财权上移导致的基层财权与事权不匹配问题，通过政府间纵向的转移支付来解决，从这一点也可以看出，转移支付与政府间财政关系问题密不可分；另一方面，由于不同地方发展程度不同，发达地区财力充裕，而落后地区财源缺乏、财力不足，于是导致各地方政府间产生横向财政失衡，需要政府间的横向转移支付来平衡。对于很多县级政府来说，由于基层民生支出巨大，而当地的经济水平不高、财源有限，因此需要上级政府的转移支付来维持其自身运转以及提供公共辖区内公共服务的需要。转移支付是中央政府的一种财政政策工具，通过转移支付，政府可以均衡各级政府和地区间的财力差异，改善基层财力不足的现象，增强下级政府提供公共服务的能力，促进区域间基本公共服务水平的均等化。基本公共服务均等化是社会的基本价值取向，并逐渐成为政府的重要政策目标，而实现这一目标要求政府各层级间财政能力的均等化，这就需要转移支付这一财政政策工具来平衡政府间的财政能力。

财政是我国进行国家治理的基础和重要的支柱，而基层县级财政作为其重要部分，组成了国家财政的基础。“郡县稳，天下安”，建立健全县级基本财力保障机制，是党中央、国务院在新形势下加强基层建设的一项重要举措，事关改革发展稳定大局。县级政府的重要职能是为辖区居民提供基本的公共产品和公共服务，促进县域经济的全面发展，维护地方社会稳定和长治久安。在其履行自身职能的过程中，县级政府需要合理运用自身财力向有关部门和方向进行支付，而这些具体的支出项目即为县级政府财力保障的范围。随着我国经济的高速发展，经济和社会对于公共服务的需求在不断更新变化。此外，我国政府正处于转型期，慢慢由功能型向服务型转变，其职能也在不断转变。由此，政府财力保障的范围也在不断变化，或增加现有公共服务的数量水平，或增加新的公共服务类别。

2017 年 7 月，财政部修订了《中央财政县级基本财力保障机制奖补资金管理办法》，其中对于县级政府基本财力保障范围有明确规定，具体包括人员经费、公用经费、民生支出和其他必要支出。

人员经费的保障范围为行政事业单位对工作人员发放的基本工资、奖金、津贴、补贴、离退休人员经费等项目；公用经费的保障范围为行政事业单位在日常公务活动中发生的消费性支出和资本性支出。消费性支出包括办公费、水电费、差旅费、修缮费等项目。资本性支出包括一般设备购置费、专业设备购置费、车辆购置费等项目；民生支出的保障范围为农业、科教文卫、社会保障和就业、环境保护、计划生育、保障性住房、村级组织运转等方面的经费支出项目，其目的是落实中央制定的相关民生政策，保障基本民生投入；其他必要支出的保障范围为必要的基本建设支出、其他社会事业发展支出等项目。

三、方法借鉴

事业单位与政府部门虽然在内涵、职责、资金来源上有一定的区别，但是从广义上来看，二者也具有相似之处——均是履行公共受托责任。而如何履行好公共受托责任、配置好公共资源，是行政事业单位持续改进和探讨的课题。科学事业单位也存在财政性资金来源，对国家、社会公众及单位自身而言，与政府部门一样存在“摸清家底”的诉求，因此，财力保障能力评价同样也适用于科学事业单位，政府部门的财力保障评价的理论基础、评价思路及方向对科学事业单位都存在可供借鉴之处。但与政府部门不同，评价的重点不应在财权与事权的匹配度的评价上，而应侧重于单位履行职责的财力保障能力，包括单位正常运转、履行科学研究主责主业、创造社会效益等的财力保障情况。

第四章

科学事业单位财力保障能力评价

我国科学事业单位一般采用院所二级治理方式和组织结构，院总部主要统筹全院总体科研目标、发展定位、研究领域和研究方向等，院总部再根据研究对象、学科领域等成立多个下属研究院(所)，具体负责某个领域或方向的研究，院与所、所与所之间分工合作，系统构建起一个相对完整的研究团队和科学体系。如中国科学院，管辖下属100多家科学研究院(所)，建成了涵盖物理、化学、材料科学、数学、环境与生态学、地球科学等学科在内的完整的自然科学学科体系，在解决关系国家全局和长远发展的重大问题上，已成为不可替代的国家战略科技力量。

实行院所二级管理的科学事业单位，其财务管理的重要任务就是要围绕全院战略发展目标和任务，努力筹集资金和统筹分配资金，为院总部及所属各单位科研事业发展提供强有力的财力支撑和保障。因此，全面了解和掌握院及所属单位的财务状况，特别是资金筹集能力、支付能力等财力保障能力，是科学事业单位财务管理面临的重要课题。

本书研究团队从2012年开始，以中国热带农业科学院为研究对象，每年对全院各单位开展财力保障水平调查研究，并编写全院及院属各单位财力保障水平分析报告。经过连续9年的实证分析与评价，不断探索和总结经验，逐步修正和调整相关分析与评价指标和评价方法，最后构建了一套较为科学合理的科学事业单位财力保障能力分析与评价体系。利用该体系进行分析与评价得出的结果基本符合科学事业单位自身发展情况，相关分析与评价报告也得到中国热带农业科学单位所属单位领导和相关管理人员的肯定，并作为其单位开展管理工作和进行决策的重要参考依据。

科学事业单位财力保障能力分析与评价体系，包括分析与评价指标、分析与评价方法、分析与评价实施以及分析与评价结果运用。利用该分析与评价体系，可以对科研院所的收入和支出两大方面进行较系统的分析，着重分析科学事业单位的竞争能力、发展水平、财政保障程度等情况，并综合各方面的分析指标，从总体经济实力、筹资能力、资金支付能力 3 类 14 项指标，对科研院所的财力保障水平进行综合评价和排名。

第一节 分析与评价指标

目前，对于科学事业单位财力保障水平没有一套专门的评价体系和评价标准，本书立足于中国热带农业科学院平均水平，从总体经济实力、筹资能力、资金支付能力等指标进行分析，对科研院所的财务保障水平进行综合评价，形成一套适合科研院所财务评价的指标体系。建立财务保障评价指标体系应遵循的原则如下：

1. 科学性。财力保障评价指标的设置要科学、合理，能科学地反映科学事业单位的整体财务状况，能正确评价科学事业单位的收入、支出情况及经费自给水平。

2. 真实性。财力保障评价指标体系必须真实地体现科学事业单位的运行绩效和财务状况，真实反映单位的实力。

3. 综合性。要从多维度综合全面地反映科学事业单位的财务状况。

4. 适用性。充分考虑到不同的科学事业单位的特点和管理要求。指标要直观、清晰、简单、实用，便于计算、比较和考核。

5. 连续性。评价指标要考虑在较长时期内可以连续地进行不同时期的纵向比较和考核。

6. 可比性。财务指标不仅在科学事业单位内部进行评价，而且也需要在单位外部进行比较。这就要求指标具有可比性，达到找出先进、挖掘潜力、共同提高的目的。

第二节 财力保障能力评价指标体系

一、反映单位总体经济实力的指标

此类指标从人均水平的角度，对单位总收入、财政性资金和非财政性资金进行对比分析，指标水平越高，说明单位的经费越多、经济实力越强、保障水平越高，更能调动科技人员的工作积极性和创造力。本书反映单位总体经济实力的指标具体包括人均收入、人均财政性资金、人均非财政性资金、人均基本运行经费及人均科研经费5项指标。

（一）人均收入

人均收入是科学事业单位在一定时期（通常为一年）内按职工总人数平均计算的总体收入占有量。人均收入与总体收入成正比，与职工数量变动成反比，是衡量科学事业单位组织收入能力的指标，能综合反映科学事业单位的发展水平、经济实力，提高科研人员的积极性和创造性。

计算公式如下：

人均收入＝（财政拨款收入＋事业收入＋经营收入＋其他收入）/（在编在职人数＋长期聘用人数＋离退休人数）

总收入不含院所之间上缴收入、院对下属单位的补助收入及职工保障住房缴款。

为增加人均收入，增加一家单位的经济实力和提高职工生活水平，需要在大力发展科技经济实力和经营能力的基础上合理调节职工增长。通过一段时期人均收入的分析比较，可以看出一家科学事业单位经济实力的发展情况。

（二）人均财政性资金

人均财政性资金是指科学事业单位年度财政性资金收入总数与当年财政补

助人数的比值。人均财政性资金与财政性资金收入总数成正比,与财政补助人数变动成反比。财政性资金收入即财政补助收入,是科学事业单位按照核定的部门预算经费申报关系从财政部门和主管部门取得的各类事业经费,是事业单位取得的预算内财政性资金补助,包括正常经费和专项经费。科学事业单位取得的由财政部门通过主管部门和上级单位转拨的科学事业费,以及由财政部门拨给的上级主管部门和上级单位以科研课题和项目下达的科学事业费,均属于财政补助收入。

计算公式如下:

人均财政性资金收入=财政性资金收入/(在编在职人数+离退休人数)

财政性资金收入包括中央财政拨款、地方财政拨款和其他财政性资金(含承担的科研单位、高校等单位机构的财政性纵向项目收入)。

为增加人均财政性资金,需增加一家单位的财政性资金来源,主要通过加强政策研究和协调沟通,主动适应财政体制改革、科技体制改革和事业单位分类改革,全面梳理本单位科技创新的各个领域,围绕国家科技发展战略、产业升级要求,地方经济社会发展以及重大科学问题、关键及时难题和卡脖子的重点攻关需求,提前谋划科技创新活动和项目,积极争取更有利于单位重要创新战略及发展布局的财政支持。同时,搭建政府购买服务平台,努力提升承接政府购买服务的综合实力,加强与地方政府的合作交流和科技支撑作业,积极争取政府各级、各类资金支持。通过一段时期内人均财政性资金收入的分析比较,可以看出一家科学事业单位的履职及积极争取政府各类资金支持的情况。

(三)人均非财政性资金

人均非财政性资金是指科学事业单位年度非财政性资金收入总数与从业人数的比值。人均非财政性资金与非财政性资金收入总数成正比,与从业人数变动成反比。非财政性资金收入即非财政补助收入,是科学事业单位为通过科研任务、技术转让、技术咨询、技术服务、学术活动交流、科普活动及试制产品等取得的事业收入,也有产品(商品)销售收入、租赁收入等经营性收入,能综合反映单位自主创收的能力。

计算公式如下：

人均非财政性资金收入＝非财政性资金收入/(在编在职人数＋编外聘用人员)

非财政性资金收入包括科技开发收入、经营收入和其他非财政性资金收入(含承担企业和其他社会组织委托的非财政性横向项目收入)。

为增加人均非财政性资金，需增加一家单位的非财政性资金来源，应在国家法律法规和政策允许的范围内，充分利用人才、技术、设备等优势资源，多方面挖掘潜力，拓展服务范围，积极组织其他收入来源，不断扩大财源，增强自我发展的能力。发掘人才，利用各种切实可行的办法，调动科研人员创收积极性，做到人尽其才；充分利用现有的技术储备，通过多渠道发挥自身的技术优势，并与市场需求相结合，推广自有的科技成果，促进科技成果向生产力的转化；发挥现有技术设备和场地等物质条件在组织收入中的优势，提高使用效率。通过一段时期人均非财政性资金收入的分析比较，可以看出一家科学事业单位的技术创新先进性和经营竞争情况，有利于科研事业单位技术水平和经营管理水平的提高。

(四)人均基本运行经费

人均基本运行经费是指科学事业单位年度基本运行经费与总人数的比值。人均基本运行经费与基本运行经费成正比，与总人数变动成反比。基本运行经费即为维持本单位正常运行安排的经费，是一家单位基本的生存保障，包括各项基本日常公用支出、社会公益类科研机构改革专项、设施运行费和其他项目经费安排的运行费用等。

计算公式如下：

人均基本运行经费＝(财政拨款基本支出经费＋社会公益类科研机构改革专项＋设施运行费＋其他项目经费安排的运行费)/(在编在职人数＋长期聘用人数＋离退休人数)

基本运行费对于保障一家单位今后长期、稳定和高效运行和持续发展至关重要。通过一段时期人均基本运行经费的分析比较，可以看出一家科学事业单位的基本生存保障情况。

（五）人均科研经费

人均科研经费是指科学事业单位年度科研经费与科研人员人数的比值。人均科研经费与科研经费成正比，与科研人员人数变动成反比。科学事业单位的科研经费泛指各种用于发展科学技术事业而支出的费用。按资金来源可分为纵向和横向科研项目，纵向科研项目是指列入部门预算申报范围、直接由财政批复和拨款的项目，属于财政拨款资金；横向科研项目是指在部门预算申报范围外，自主申请或接受委托的科研项目，属于非财政拨款资金。

计算公式如下：

人均科研经费＝科研项目经费/科研人员人数

科研项目经费包括稳定支持的科研项目经费和竞争性科研项目经费。

科研项目经费是科学事业单位开展科研项目的重要基础，是单位可持续发展的重要支撑，是衡量科学事业单位科研竞争实力和科研工作水平的一项重要财务指标。为增加人均科研项目经费，需增加一家单位的科研项目经费来源，一方面来自财政支持的单位日常运行和开展长期性、基础性和原创性研究的稳定支持的科研项目经费，例如基本科研业务费和社会公益类科研机构改革专项中安排的科研项目经费等；另一方面来自满足科学事业单位的发展，有利于提升单位的科研水平，通过国家自然科学基金委、科技处、教育部、各省科委和自然基金委等渠道获得的竞争性项目经费，例如科技部的863计划和973计划、国家和省自然科学基金等项目。通过一段时期内人均科研项目经费的分析比较，可以看出一家科学事业单位的科研竞争实力和科研工作水平的情况，有利于科学事业单位科研水平的提高。

二、反映单位筹资能力的指标

科学事业单位均具有较强的公益性质，争取财政资金支持是筹措资金、增强财力保障水平的重要途径，同时随着社会经济的发展，单位的竞争力逐步成为判断科研院所综合实力强弱的重要标志，通过增强自身的竞争能力才能更好地发挥科学事业单位的公益性职能，创造良好的经济效益和社会效益。因此可以从科学事业单位的市场竞争能力、科研竞争水平和收入增长速度等方面对单位的筹资能力进行分析判断。本书反映单位筹资能力的具体分析指标包括人均市场竞争性收入、科研人员人均竞争性科研项目经费、人均总收入增长变动、非财政性资金人均收入增长变动 4 项。

(一)人均市场竞争性收入

人均市场竞争性收入是科学事业单位年度非财政性资金中与市场创收能力相关性较强的收入与当年从业人员的比值。人均市场竞争性收入与市场竞争性收入总数成正比,与当年从业人数变动成反比,它是衡量科学事业单位在市场上科技转化能力的体现,能综合地反映科学事业单位的科技创新能力和科研转化能力。

计算公式如下:

人均市场竞争性收入=(技术收入+学术活动收入+科普活动收入+试制产品收入+经营收入)/(在编在职人数+长期聘用人数)

本书选取的市场竞争性收入是与市场创收能力相关性较强的技术收入、学术活动收入、科普活动收入、试制产品收入和经营收入等。

为增加人均市场竞争性收入,需增加一家单位的市场竞争性收入的来源,应在国家法律法规和政策允许的范围内,充分利用人才、技术、设备等优势资源,结合市场需求,通过对科学研究与技术开发所产生的具有实用价值的科技成果所进行的后续试验、开发、应用、推广形成符合市场化的新产品、新工艺和新材料,从而发展新产业等活动,促进科技成果转化为生产力,提高科研单位的创收能力。通过一段时期内人均市场竞争性收入的分析比较,可以看出一家科学事业单位的技术创新先进性和经营竞争情况,有利于科研事业单位技术水平和经营管理水平的提高。

(二)科研人员人均竞争性科研项目经费

科研人员人均竞争性科研项目经费是科学事业单位年度竞争性科研项目经费与当年从业科研人员的比值。科研人员人均竞争性科研项目经费与竞争性科研项目经费实际到位资金成正比,与当年从业科研人员人数变动成反比,是衡量科学事业单位科研实力和科研水平的一项重要财务指标,能综合反映科学事业单位的科研竞争水平和科研创新能力。

计算公式如下：

科研人员人均竞争性科研项目经费＝竞争性科研项目经费/科研人员人数

本书选取的竞争性科研项目经费是指剔除科研机构改革启动费和基本科研业务费后的科研项目实际到位资金，是开展科研活动的主要资金来源和保障。通过一段时期内科研人员人均竞争性科研项目经费的分析比较，可以看出一家科学事业单位的科研竞争实力和科研创新能力的情况，有利于提升科学事业单位的综合实力。

（三）人均总收入增长变动

人均总收入增长变动是科学事业单位本年人均总收入增加额对上年人均总收入的比率。人均总收入增长率表示与上年相比，人均总收入的增减变动情况，是衡量科学事业单位履职情况和科技创新能力、预测科学事业单位科技成果转化拓展趋势的重要标志，不断增加人均总收入，是科学事业单位生存的基本和发展的条件。

计算公式如下：

人均总收入增长变动＝人均总收入增长额/上年度人均总收入×100％

其中：人均总收入增长额＝本年度人均总收入－上年度人均总收入

该指标若大于0，表示科学事业单位人均总收入有所增长，指标值越高，表明增长速度越快，科学事业单位的发展前景越好；若该指标小于0，则说明科学事业单位的财政保障能力不足或缺乏科技创新能力等。

（四）非财政性资金人均收入增长变动

非财政性资金人均收入增长变动是科学事业单位本年非财政性资金人均收入增加额与上年非财政性资金人均收入的比率。非财政性资金人均收入增长率表示与上年相比非财政性资金人均收入的增减变动情况，是衡量科学事业单位科技创新和成果转化能力的指标，增加非财政性资金人均收入，是科学事业单位创造良好科研氛围和经济效益的重要标志。

计算公式如下：

非财政性资金人均收入增长变动＝非财政性资金人均收入增长额/上年度

非财政性资金人均收入×100%

其中:非财政性资金人均收入增长额=本年度非财政性资金人均收入－上年度非财政性资金人均收入

该指标若大于0,表示科学事业单位非财政性资金人均收入有所增长,指标值越高,表明增长速度越快,科学事业单位的综合实力较强,发展后劲越足;若该指标小于0,则说明科学事业单位的成果转化能力不足或缺乏科技创新能力等。

三、反映单位资金支付能力的指标

院所科技实力的提升是实现科学事业单位可持续发展的动力源泉,而可持续发展能力的增强是实现科学事业单位创新能力提升的重要保障。正常来说,资金支付能力在一定程度上反映科学事业单位日常履职和发展的能力水平。从资金适用范围来看,由于项目经费属于有专门用途的专项资金,其支出范围不能超过项目经费额度,因此,在分析单位支付能力的时候,本书剔除了项目经费的影响因素,重点对基本支出进行分析。该类型的指标越高,说明单位用于事业发展的资金越充裕、支付能力越强、资金保障能力越强。具体指标包括人均基本运行支出、人均人员支出、人均公用支出、在职人员绩效工作是基本工资的倍数和日常公用经费总支出是财政性公用经费支出的倍数5项指标。

人均基本运行支出是指科学事业单位年度基本运行支出数与总人数的比值。人均基本运行支出与基本运行支出数成正比,与总人数变动成反比。基本运行支出即为维持本单位正常运行所需要的各项支出,包括人员支出和公用支出。

计算公式如下:

人均基本运行支出=人员支出和公用支出/(在编在职人数＋长期聘用人数＋离退休人数)

人员支出包括在职人员经费支出、离退休费支出和住房改革支出。

基本运行费是一家单位基本的生存保障,主要由财政拨款保障,即财政拨款中的基本支出经费(含人员经费和公用经费),主要反映国家对科学事业单位基本的人员支出和公用直径等基本运行经费需求的财政补助程度。通过一段时期内人均基本运作支出的分析比较,可以看出一家科学事业单位的基本运行财政保障力。

第三节　分析与评价方法

科学事业单位综合财力的分析与评价可运用一般的财务分析方法进行，如趋势分析法、比率分析法和因素分析法等。

一、趋势分析法

趋势分析法又称水平分析法，是将两期或者连续数期的财务数据中的相同指标进行对比，确定其增减变动的方向、数额和幅度，以说明科学事业单位的财务状况和经营成果的变化趋势的一种方法。

使用趋势分析法，可将科学事业单位不同时期的综合财力分析指标或比率进行比较，直接观察其增减变动情况及幅度，考察其发展趋势，预测单位的发展前景。对不同时期财务指标进行比较，有两种方法：

（一）定基动态比率

它是以某一时期的数额为固定的基期数额而计算出来的动态比率。其计算公式为：

定基动态比率＝分析期数额/固定基期数额

（二）环比动态比率

它是以某一分析期的前期数额为基期数额而计算出来的动态比率。其计算公式为：

环比动态比率＝分析期数额/前期数额

使用趋势分析法，目的是对科学事业单位的综合财务变动趋势和幅度进行分析，以评价单位综合财力的发展趋势和前景。如：对基本运行财政保障力进行趋势分析，可以了解国家对科学事业单位基本运行经费需求的财政拨款补助保障程度是否逐年在提高，幅度如何，以判断和预测中央财政对科学事业单位的支持力度;对基础条件建设财政保障力进行趋势分析,可以考察单位建设资金投入的年度分布情况以及变动趋势;对科研创新资金竞争能力进行趋势分析,可以了解和掌握科学事业单位的科研创新能力是否逐年提升,发展速度是否达到单位预期目标,以预测和拟定单位未来的发展方向和目标;对科技成果转化创收能力进行趋势分析,可以反映单位科技开发创收能力的变动情况,预测科学事业单位经济实力的发展趋势,为谋划下一步工作计划和发展奠定基础。

二、比率分析法

比率分析法是指利用财务报表中两项相关数值的比率反映一家单位财务状况和经营成果的分析方法。科学事业单位综合财力分析可以使用以下两种比率分析方法进行财力分析:

(一)构成比率

构成比率又称结构比率,是某个财务指标的各个组成部分与总体的比率,反映部分与总体的关系。其计算公式为:

构成比率=某个组成部分数额/总体数额

利用构成比率,可以考察总体中某个部分的形成和安排是否合理,以便协调单位的各项业务来源。

综合财务构成比率分析主要是分析单位各项资金安排占总资金来源的比例,以分析单位的各项资金安排是否合理和平衡、各项活动是否正常,甚至可以推断科学事业单位正处于一个什么样的发展阶段和境况。一是安排用于基本运行的财政拨款占总资金来源的比例,比例越大说明该科学事业单位对财政拨款的依赖程度越高,反之则说明单位的自主发展能力越强。二是安排用于基础条件建设的财政拨款占总资金来源的比例,比例较大,说明单位正处于建设和发展阶段。反之有两种可能:其一,单位处于起步阶段,正在筹备各方面的基础条件建设,单位的各种基础条件还不完善;其二,单位处于成熟阶段,各项基础设施基本趋于完善和稳定,单位的基础和实力正处于高峰期。三是安排用于科研活动的资金占总资金来源的比例,比例越大,说明单位开展科研活动越活跃,科研创新能力较强,反之则说明单位可能处于一个困难时期,各方面条件相对落后、人才匮乏，科研人员的科研条件和待遇得不到保障，没有科研创新的条件和积极性。四是安排用于科技开发和经营的资金占总资金来源的比例，比例越大，说明单位越重视科技开发和经营工作，单位的创收能力相对较强，经费的来源渠道越广。单位自身创收来源充足，可以弥补国家财政补助拨款的不足，但如果单位过多投入开发和经营，而弱化单位的科技创新，将不利于科学事业单位的长期发展，毕竟科学事业单位的主责主业是科研而非开发和经营。

（二）效率比率

它是某项经济活动中所费与所得的比例，反映投入与产出的关系。利用效率比率指标分析，可以进行得失比较、考察经营成果、评价经济效益。

效率比率分析主要用于分析科技开发和经营投入成本与创收的对比关系，以分析和评价科技成果转化所产生的经济效益。

三、因素分析法

因素分析法也称因素替换法、连环替代法，它是用来确定几个相互联系的因素对分析对象——综合财务指标或经济指标的影响程度的一种分析方法。采用这种方法的出发点在于，当有若干因素对分析对象产生影响时，假定其他因素无变化，可以确定每一个因素单独变化所产生的影响。

如假定国家财政拨款不变，可以用因素分析法来分析单位创收能力对单位综合财力的影响。

第四节　分析与评价实施

一、基础数据采集

选取财力保障能力分析评价指标、构建指标体系并选择合适的评价办法后，实施财力保障分析与评价的基础是获取指标体系的系统数据，主要是从被评价单位取得相关的基础数据，因此，我们对各个指标进行分解溯源，有针对性地设计一套基础数据表,作为获取基础数据的工具供大家参考,评价实施方可以根据需要进行增减调整。表 4—1 至表 4—21 为各种数据的统计表。

表 4—1　　人员情况统计表　　单位:人

单位	总人数										财政补助人员	科研人员
	合计	从业人员						离退休人员				
		小计	编内在职人员				长期聘用人员					
			小计	在职在岗人员	在职离岗人员	经费自理人员		小计	离休人员	退休人员		
	1=2+7	2=3+7	3=4+5+6	4	5	6	7	8	9	10	11=4+5+8	12
合计												
××1												
××2												
××3												
××4												
××5												
××6												

表 4—2　　总收入情况分析表　　单位:万元

单位	上年度总收入		总收入							人均总收入	
			合计		财政拨款	事业收入	经营收入	上级补助收入	其他收入	金额	比上年增减(%)
	金额	人均	金额	比上年增减(%)							
			1=3+4+5+6+7	2	3	4	5	6	7	8=1/表 4—1 的 1 栏	9
合计											
××1											
××2											
××3											
××4											
××5											
××6											

表 4—3　　收入来源结构分析表　　单位:万元

单位	上年度收入				总计	财政性资金收入					非财政性资金收入				
	财政性资金收入		非财政性资金收入			收入合计			财政补助人均水平		收入合计			从业人员人均水平	
	金额	财政补助人员人均	金额	从业人员人均		金额	占总收入比(%)	比上年增减(%)	金额	比上年增减(%)	金额	占总收入比(%)	比上年增减(%)	金额	比上年增减(%)
					1=2+7	2	3=2/1	4	5=2/表 4—1 的 10 栏	6	7	8=7/1	9	10=7/表 4—1 的 2 栏	11
合计															
××1															
××2															
××3															
××4															
××5															

表 4—4 **财政性资金收入来源情况分析表** 单位:万元

单位	上年度收入			合计	当年部门预算财政拨款					部门预算财政拨款以外财政性资金								部门预算财政拨款以外财政性资金占比(%)	
	当年部门预算财政拨款	部门预算财政拨款以外财政性资金	部门预算财政拨款以外财政性资金占比(%)		小计		基本支出经费	住房改革支出经费	项目支出经费	小计		中央部门项目经费	中央部门其他拨款	地方财政项目经费	其他单位项目经费	社保养老金等拨款	地方财政补助拨款	比例	比上年增减
					金额	比上年增减(%)				金额	比上年增减(%)								
				1=2+7	2	3	4	5	6	7	8	9	10	11	12	13	14	15=7/1	16
合计																			
××1																			
××2																			
××3																			
××4																			

表 4—5 **非财政性资金收入来源情况分析表** 单位:万元

单位	合计	上年度收入							合计	技术收入		学术活动收入		科普活动收入		试制产品收入		经营收入		租赁收入		其他收入	
		技术收入	学术活动收入	科普活动收入	试制产品收入	经营收入	租赁收入	其他收入		金额	比上年增减(%)	金额	比上年增减(%)	金额	比上年增减(%)	金额	比上年增减(%)	金额	比上年增减(%)	金额	比上年增减(%)	金额	比上年增减(%)
	1	2	4	6	8	12	14	16	1	2	3	4	5	6	7	8	9	12	13	14	15	16	17
合计																							
××1																							
××2																							
××3																							
××4																							
××5																							

表 4—6 **收入按资金用途结构分析表** 单位：万元

单位	上年经费			收入总计	基本运行经费			科研项目经费			条件建设经费			发展经费	
	基本运行经费	科研项目经费	条件建设经费		金额	占比	比上年增减(%)	金额	占比	比上年增减(%)	金额	占比	比上年增减(%)	合计	比上年增减(%)
				1=2+5+8	2	3=2/1	4	5	6=5/1	7	8	9=8/1	10	11=5+8	12
合计															
××1															
××2															
××3															
××4															
××5															

表 4—7 **基本运行经费结构分析表** 单位：万元

单位	基本运行经费来源						
	合计	基本运行财政性经费来源					其他资金
		小计	财政拨款基本支出经费	启动费	设施运行费	其他项目经费安排	
	1=2+7	2	3	4	5	6	7
合计							
××1							
××2							
××3							
××4							
××5							

表 4—8　　科研项目经费结构分析表　　单位:万元

单位	科研项目经费				
	合计	稳定支持科研项目经费			竞争性科研项目经费
		小计	启动费安排的科研项目经费	基本科研业务费	
	1=2+5	2	3	4	5
合计					
××1					
××2					
××3					
××4					
××5					

表 4—9　　条件建设经费结构分析表　　单位:万元

单位	条件建设经费				
	合计	财政拨款条件建设经费			自筹条件建设经费
		小计	基建项目	修购项目	
	1=2+5	2	3	4	5
合计					
××1					
××2					
××3					
××4					
××5					

表 4—10　　基本运行经费来源人均情况分析表　　单位:万元

单位	上年度经费				基本运行经费来源			基本运行财政性经费来源		
	基本运行经费来源		基本运行财政性经费来源		金额	人均	人均比上年增减(%)	金额	财政补助人均	人均比上年增减(%)
	金额	人均	金额	财政补助人均	1	2=1/表 4—1 的 1 栏	3	4	5=4/表 4—1 的 10 栏	6
合计										
××1										
××2										
××3										
××4										
××5										

表 4—11　　科研经费人均情况分析表　　单位:万元

<table>
<tr><td rowspan="3">单位</td><td colspan="6">上年度经费</td><td colspan="5">科研项目经费</td><td colspan="5">竞争性科研项目经费</td></tr>
<tr><td colspan="3">科研项目经费</td><td colspan="3">竞争性科研项目经费</td><td rowspan="2">金额</td><td colspan="2">在职在岗人均</td><td colspan="2">科研人员人均</td><td rowspan="2">金额</td><td colspan="2">在职在岗人均</td><td colspan="2">科研人员人均</td></tr>
<tr><td>金额</td><td>在职在岗人均</td><td>科研人员人均</td><td>金额</td><td>在职在岗人均</td><td>科研人员人均</td><td>金额</td><td>人均比上年增减(%)</td><td>金额</td><td>人均比上年增减(%)</td><td>金额</td><td>人均比上年增减(%)</td><td>金额</td><td>人均比上年增减(%)</td></tr>
<tr><td></td><td></td><td></td><td></td><td></td><td></td><td></td><td>1</td><td>2=1/表4—1的4栏</td><td>3</td><td>4=1/表4—1的11栏</td><td>5</td><td>6</td><td>7=6/表4—1的4栏</td><td>8</td><td>9=6/表4—1的11栏</td><td>10</td></tr>
<tr><td>合计</td><td></td><td></td><td></td><td></td><td></td><td></td><td></td><td></td><td></td><td></td><td></td><td></td><td></td><td></td><td></td><td></td></tr>
<tr><td>××1</td><td></td><td></td><td></td><td></td><td></td><td></td><td></td><td></td><td></td><td></td><td></td><td></td><td></td><td></td><td></td><td></td></tr>
<tr><td>××2</td><td></td><td></td><td></td><td></td><td></td><td></td><td></td><td></td><td></td><td></td><td></td><td></td><td></td><td></td><td></td><td></td></tr>
<tr><td>××3</td><td></td><td></td><td></td><td></td><td></td><td></td><td></td><td></td><td></td><td></td><td></td><td></td><td></td><td></td><td></td><td></td></tr>
<tr><td>××4</td><td></td><td></td><td></td><td></td><td></td><td></td><td></td><td></td><td></td><td></td><td></td><td></td><td></td><td></td><td></td><td></td></tr>
<tr><td>××5</td><td></td><td></td><td></td><td></td><td></td><td></td><td></td><td></td><td></td><td></td><td></td><td></td><td></td><td></td><td></td><td></td></tr>
</table>

表 4—12　　条件建设经费人均情况分析表　　单位:万元

<table>
<tr><td rowspan="3">单位</td><td colspan="3">上年度经费</td><td rowspan="3">合计</td><td colspan="4">财政拨款条件建设经费</td><td colspan="2">自筹条件建设经费</td></tr>
<tr><td colspan="2">财政拨款条件建设经费</td><td rowspan="2">自筹条件建设经费</td><td rowspan="2">金额</td><td rowspan="2">金额比上年增长</td><td rowspan="2">编内在职人均</td><td rowspan="2">人均比上年增减(%)</td><td rowspan="2">金额</td><td rowspan="2">比上年增减(%)</td></tr>
<tr><td>金额</td><td>编内在职人均</td></tr>
<tr><td></td><td></td><td></td><td></td><td>1</td><td>2</td><td>3</td><td>4=2/表4—1的3栏</td><td>5</td><td>6</td><td>7</td></tr>
<tr><td>合计</td><td></td><td></td><td></td><td></td><td></td><td></td><td></td><td></td><td></td><td></td></tr>
<tr><td>××1</td><td></td><td></td><td></td><td></td><td></td><td></td><td></td><td></td><td></td><td></td></tr>
<tr><td>××2</td><td></td><td></td><td></td><td></td><td></td><td></td><td></td><td></td><td></td><td></td></tr>
<tr><td>××3</td><td></td><td></td><td></td><td></td><td></td><td></td><td></td><td></td><td></td><td></td></tr>
<tr><td>××4</td><td></td><td></td><td></td><td></td><td></td><td></td><td></td><td></td><td></td><td></td></tr>
<tr><td>××5</td><td></td><td></td><td></td><td></td><td></td><td></td><td></td><td></td><td></td><td></td></tr>
</table>

表 4—13 **基本运行支出情况分析表** 单位：万元

单位	上年度经费支出				合计	人员支出									公用支出		
						小计	离退休费支出			在职人员经费支出			住房改革支出				
	离退休人均	从业人员人均	日常运转人均	住房改革支出			支出数	离退休人均	比上年增减(%)	支出数	从业人员人均	比上年增减(%)	支出数	比上年增减(%)	支出数	从业人员人均	比上年增减(%)
					1	2	3	4=3/表4—1的7栏	5	6	7=6/表4—1的2栏	8	9	10	11	12=11/表4—1的2栏	13
合计																	
××1																	
××2																	
××3																	
××4																	

表 4—14 **人员经费支出情况分析表** 单位：万元

单位	上年人均				合计	在职人员经费支出								离休人员经费支出			退休人员经费支出		
						小计	在职在岗人员			在职离岗人员(支出数)	长期聘用人员								
	在职在岗人员人均	长期聘用人员人均	离休人员人均	退休人员人均			支出数	人均	人均比上年增减(%)		支出数	人均	人均比上年增减(%)	支出数	人均	人均比上年增减(%)	支出数	人均	人均比上年增减(%)
					1	2	3	4=3/表4—1的4栏	5	6	7	8=7/表4—1的6栏	9	10	11=10/表4—1的8栏	12	13	14=13/表4—1的9栏	15
合计																			
××1																			
××2																			
××3																			
××4																			
××5																			

表 4—15 **基本运转公用支出结构分析表** 单位：万元

单位	公用支出来源						
	合计	公用支出财政性经费来源					其他资金
		小计	财政拨款公用经费	启动费	设施运行费	其他项目经费安排	
	1=2+7	2	3	4	5	6	7
合计							
××1							
××2							
××3							
××4							
××5							

表 4—16 **在职在岗人员收入分配水平分析表** 单位：万元

单位	上年					工资收入总计			基本工资及津贴小计			基本工资（岗位工资＋薪级工资）			津贴补贴（国家规定保留的津补贴项目）			绩效工资（基础绩效＋奖励绩效）			人均绩效工资：人均基本工资
	工资总收入人均	基本工资及津贴人均	基本工资人均	津贴补贴人均	绩效工资人均	金额	人均	比上年增减(%)	金额	人均	比上年增减(%)	金额	人均	比上年增减(%)	金额	人均	比上年增减(%)	金额	人均	比上年增减(%)	
						1=7+10+13	2=1/表4—1的4栏	3	4=7+10	5=4/表4—1的4栏	6	7	8=7/表4—1的4栏	9	10	11=10/表4—1的4栏	12	13	14=13/表4—1的4栏	15	16=14：5
合计																					
××1																					
××2																					

表 4—17　　**绩效工资财政保障情况分析表**　　单位:万元

单位	上年在职在岗人员绩效工资可用经费		财政补助人员经费				离退休费	编内在职人员基本工资+津贴补贴+社保	在职在岗人员绩效工资可用经费		
			合计	部门预算人员经费	海南社保返还养老金	地方财政补贴人员经费			金额	人均	比上年增减(%)
	金额	人均	1=2+3+4	2	3	4	5	6	7=1−5−6	8=7/表 4−1 的 4 栏	9
合计											
××1											
××2											
××3											
××4											
××5											

表 4—18　　**基本运转公用支出财政保障情况分析表**　　单位:万元

单位	上年财政保障情况		公用支出			财政保障情况				
	财政性经费人均	财政保障率	支出总额	从业人员人均	在职在岗人均	财政性经费	在职在岗人均	人均比上年增减(%)	保障率	保障率比上年增减(%)
			1	2=1/表 4−1 的 2 栏	3=1/表 4−1 的 4 栏	4	5=4/表 4−1 的 4 栏	6	7=4/1	8
合计										
××1										
××2										
××3										
××4										
××5										

表 4—19　　基本运转公用支出主要支出项目结构分析表　　单位：万元

单位	总支出	主要支出项目小计	公务用车运行维护费		公务接待费		因公出国（境）费用		会议费		差旅费		咨询费		劳务费		办公费		……	
			金额	占总支出比例（%）	金额	占总支出比例（%）	金额	占总支出比例（%）	金额	占总支出比例（%）	金额	占总支出比例（%）	金额	占总支出比例（%）	金额	占总支出比例（%）	金额	占总支出比例（%）	金额	占总支出比例（%）
合计																				
××1																				
××2																				
××3																				
××4																				
××5																				

表 4—20　　基本运转公用支出主要支出项目变化情况分析表　　单位：万元

单位	上年支出							公务用车运行维护费		公务接待费		因公出国（境）费用		会议费		差旅费		咨询费		……	
	公务用车运行维护费	公务接待费	因公出国（境）费用	会议费	差旅费	咨询费	……	金额	比上年增减（%）	金额	比上年增减（%）	金额	比上年增减（%）	金额	比上年增减（%）	金额	比上年增减（%）	金额	比上年增减（%）	金额	比上年增减（%）
合计																					
××1																					
××2																					
××3																					
××4																					
××5																					

表 4—21 “三公”经费等支出项目支出水平分析表 单位：万元

单位	上年公务用车运行维护费		上年公务接待费		上年因公出国(境)费		上年会议费		上年培训费		公务用车运行维护费			公务接待费			因公出国(境)费			会议费			培训费		
	金额	在职在岗人均	金额	在职在岗人均	金额	在职在岗人均	金额	在职在岗人均	金额	在职在岗人均	金额	在职在岗人均	比上年增减(%)	金额	在职在岗人均	比上年增减(%)	金额	在职在岗人均	比上年增减(%)	金额	在职在岗人均	比上年增减(%)	金额	在职在岗人均	比上年增减(%)
合计																									
××1																									
××2																									
××3																									
××4																									

二、数据加工与分析

取得被评价单位的基础数据后，要对这些数据进行归类整理，加工成评价所需的指标值，为此，本书根据评价指标体系，设计了一套基础数据加工工具供大家参考，加工后的数据可以更加直观、易用，便于财力保障能力的分析与评价，评价指标详见表 4—22—表 4—55。

表 4—22 **人员情况统计表** 单位：人

单位	总人数										财政补助人员	科研人员
	合计	从业人员						离退休人员				
		小计	编内在职人员				长期聘用人员	小计	离休人员	退休人员		
			小计	在职在岗人员	在职离岗人员	经费自理人员						
	1=2+7	2=3+6	3=4+5	4	5	6	7	8	9	10	11=4+5+8	12
合计												
××1												
××2												
××3												
××4												
××5												

表 4—23 **人均收入情况统计表** 单位：万元/人

单位	总收入	比上年增减(%)	总人数	人均收入	比上年增减(%)	按人均收入排序
合计						
××1						
××2						
××3						
××4						
××5						

表 4—24　　收入来源结构分析表　　单位:万元

单位	总计	财政性资金收入		非财政性资金收入	
		收入合计		收入合计	
		金额	占总收入比(%)	金额	占总收入比(%)
合计					
××1					
××2					
××3					
××4					
××5					

表 4—25　　财政性资金收入占全院比重分析表　　单位:万元

单位	财政性资金收入	占全院比重(%)	排序
合计			
××1			
××2			
××3			
××4			
××5			

表 4—26　　人均财政性资金分析表　　单位:万元

单位	财政性资金收入	财政补助人数	人均财政性资金收入	排序
合计				
××1				
××2				
××3				
××4				
××5				

注:表中财政补助人数不包含已纳入社保统筹的退休人数。

表 4—27　　非财政性资金收入占全院比重分析表　　单位:万元

单位	非财政性资金收入	占全院比重(%)	排序
合计			
××1			
××2			
××3			
××4			
××5			

表 4—28　　人均非财政性资金收入分析表　　单位:万元

单位	非财政性资金收入	从业人数	人均非财政性资金收入	排序
合计				
××1				
××2				
××3				
××4				
××5				

注:表中从业人数包括编内在职人员和编外聘用人员。

表 4—29　　人均部门预算财政拨款收入情况分析表　　单位:万元、人

单位	部门预算财政拨款收入	部门预算财政拨款占财政性资金收入比重(%)	财政补助人员数	人均部门预算财政拨款		按人均部门预算财政拨款排序
				总计人均	其中:基本支出人均	
合计						
××1						
××2						
××3						
××4						
××5						

注:1. 表中财政补助人员数不含退休人员数。

2. 基本支出人均不含住房改革支出。

表 4—30　　人均其他财政性拨款收入情况分析表　　单位:万元、人

单位	其他财政性拨款收入	其他财政性拨款占财政性资金收入比重(%)	财政补助人员数	人均其他财政性拨款	按人均其他财政性拨款排序
合计					
××1					
××2					
××3					
××4					
××5					

注:表中财政补助人员数不含退休人员数。

表 4—31　　非财政性资金收入来源情况分析表　　单位:万元

单位	合计	技术收入	学术活动收入	科普活动收入	试制产品收入	经营收入	租赁收入	其他收入
合计								
××1								
××2								
××3								
××4								
××5								

表 4—32　　按资金用途结构分析表　　单位:万元

单位	收入总计	基本运行经费		科研项目经费		条件建设经费		发展经费比例	按发展经费比例排序
		金额	占比	金额	占比	金额	占比	合计	
合计									
××1									
××2									
××3									
××4									
××5									

表 4—33　　人均基本运行经费来源情况分析表　　单位:万元、人

单位	基本运行经费来源			基本运行财政性经费来源			财政性资金来源占比(%)	人均基本运行经费排序
	金额	总人数	人均	小计	财政补助人数	人均		
合计								
××1								
××2								
××3								
××4								
××5								

表 4—34　　人均科研项目经费情况分析表　　单位:万元、人

单位	科研项目经费					
	金额	在职在岗人员人均		科研人员人均		按科研人员人均排序
		人数	金额	人数	金额	
合计						
××1						
××2						
××3						
××4						
××5						

表 4—35　　人均条件建设经费情况分析表　　单位:万元、人

单位	条件建设经费			在编在职人员		排序
	金额	基建项目	修购项目	人数	人均	
合计						
××1						
××2						
××3						
××4						
××5						

注:此表不含自筹基建项目。

表 4—36 **基本运行支出情况分析表** 单位:万元

单位	总人数	基本运行支出			基本运行支出人均	排序
		合计	人员支出(含住房改革支出)	公用支出		
合计						
××1						
××2						
××3						
××4						
××5						

表 4—37 **人员支出情况分析表** 单位:万元

单位	合计	总计人均	从业人员经费支出								离休人员经费支出			退休人员经费支出			按总计人均排序
			合计	在职在岗人员			其他在职人员	聘用人员			支出数	人均	人均比上年增减(%)	支出数	人均	人均比上年增减(%)	
				支出数	人均	人均比上年增减(%)		支出数	人均	人均比上年增减(%)							
合计																	
××1																	
××2																	
××3																	
××4																	
××5																	

表 4—38 **在职在岗人员收入分配水平分析表** 单位:万元

单位	工资总收入		基本工资		绩效工资		人均绩效工资:人均基本工资	按人均绩效工资:人均基本工资排名
	金额	人均	金额	人均	金额	人均		
合计								
××1								
××2								
××3								
××4								
××5								

表 4—39　　日常运转支出情况分析表　　单位:万元

单位	日常运转支出		财政性资金安排支出		日常运转支出是财政性支出的倍数	按在职在岗人均总支出排序
	支出总额	在职在岗人均	财政性经费支出	在职在岗人均		
合计						
××1						
××2						
××3						
××4						
××5						

表 4—40　　日常运转主要科目支出情况分析表　　单位:万元

支出科目	总支出	占总支出比重(%)	排序
总支出			
专用材料费			
劳务费			
维修(护)费			
水电费			
差旅费			
专用设备购置费			
培训费			
……			

表 4—41　　日常运转主要科目结构分析表　　单位:万元

单位	总支出	专用材料费			维修(护)费			劳务费			差旅费			水电费		
		金额	占总支出比例(%)	比上年增减(%)	金额	占总支出比例(%)	比上年增减(%)	金额	占总支出比例(%)	比上年增减(%)	金额	占总支出比例(%)	比上年增减(%)	金额	占总支出比例(%)	比上年增减(%)
合计																
××1																
××2																
××3																
××4																
××5																

表 4—42　　　　**“三公”经费及会议费支出水平分析表**　　　　单位:万元

单位	公务用车运行维护费			公务接待费			因公出国(境)费			会议费		
	金额	在职在岗人均	比上年增减(%)	金额	在职在岗人均	比上年增减(%)	金额	在职在岗人均	比上年增减(%)	金额	在职在岗人均	比上年增减(%)
合计												
××1												
××2												
××3												
××4												
××5												

表 4—43　　　　**竞争性收入分析表**　　　　单位:万元、%

单位	技术收入		学术活动收入		科普活动收入		试制产品收入		经营收入		市场竞争收入	人均市场竞争性收入	排序
	金额	占比	金额	占比	金额	占比	金额	占比	金额	占比			
合计													
××1													
××2													
××3													
××4													
××5													

注:表中人均市场竞争性收入按从业人员数计算。

表 4—44　　　　**竞争性科研项目经费分析表**　　　　单位:万元

在职在岗人均			科研人员人均		
单位	人均金额	排序	单位	人均金额	排序
合计			合计		
××1			××1		
××2			××2		
××3			××3		
××4			××4		
××5			××5		

注:在职在岗人均是按在职在岗人员数计算,科研人员人均是按科研人员数计算。

表 4—45 收入变化分析表 单位:万元

单位	人均总收入			单位	人均非财政性资金收入		
	金额	比上年增减(%)	排序		金额	比上年增减(%)	排序
合计				合计			
××1				××1			
××2				××2			
××3				××3			
××4				××4			
××5				××5			

注:表中人均总收入是全院总收入除以全院总人数计算得出,人均非财政性资金收入是以从业人员数计算得出。

表 4—46 人均市场竞争性收入变化分析表 单位:万元

单位	本年人均竞争收入	上年人均竞争收入	比上年增减(%)	排序
合计				
××1				
××2				
××3				
××4				
××5				

注:表中人均市场竞争性收入按从业人员数计算。

表 4—47 人均竞争性科研经费变化分析表 单位:万元

单位	科研人员人均竞争性科研经费	比上年增减(%)	排序
合计			
××1			
××2			
××3			
××4			
××5			

表 4—48　　人员经费财政保障程度总体情况分析表　　单位:万元

单位	财政性资金收入人员经费	人员经费支出	财政保障率(%)	排名
合计				
××1				
××2				
××3				
××4				
××5				

注:财政性人员经费是可用于人员支出的财政性资金来源,包括部门预算财政拨款人员经费、地方财政补助拨款、社保返还抚恤金等,不包括住房改革支出财政拨款。

表 4—49　　在编在职人员经费财政保障程度分析表　　单位:万元

单位	财政性资金收入人员经费	离退休人员经费支出	在编在职人员可用的财政性人员经费	在编在职人员实际支出	在编在职人员支出财政保障率(%)	排名
合计						
××1						
××2						
××3						
××4						
××5						

注:在编在职人员包括在职在岗人员和其他在职人员。

表 4—50　　绩效工资财政保障程度分析表　　单位:万元

单位	在职在岗人员绩效工资可用经费	在职在岗人员绩效工资实际支出	绩效工资中财政性经费所占比例(%)	排名
合计				
××1				
××2				
××3				
××4				
××5				

表 4—51 日常运转支出情况分析表 单位:万元

单位	日常运转支出	财政性经费	占比	排名
合计				
××1				
××2				
××3				
××4				
××5				

表 4—52 总体经济实力评价结果 单位:万元

排名	单位	得分小计	人均总收入		人均财政性资金收入		人均非财政性资金收入		人均基本运行经费		人均科研经费	
			指标值	得分	指标值	得分	指标值	得分	指标值	得分	指标值	得分
	全院平均											
1	××1											
2	××2											
3	××3											
4	××4											
5	××5											

注:科研所得分=20%×(人均总收入+人均非财政性资金收入+人均财政性资金收入+人均基本运行经费+人均科研经费)

表 4—53 筹资能力评价结果 单位:万元

排名	单位	得分小计	人均市场竞争性收入		科研人员人均竞争性科研项目经费		人均总收入增长变动		非财政性资金人均收入增长变动	
			指标值	得分	指标值	得分	指标值	得分	指标值	得分
	全院合计									
1	××1									
2	××2									
3	××3									
4	××4									
5	××5									

注:科研所得分=30%×(人均市场竞争性收入指标得分+科研人员人均竞争性科研项目经费指标得分)+20%×(人均总收入增长变动指标得分+非财政性资金人均收入增长变动指标得分)。

表 4—54　　资金支付能力评价结果　　单位：万元

排名	单位	得分小计	人均基本运行支出		人均人员支出		人均公用支出		在职人员绩效工资是基本工资的倍数		日常公用总支出是财政性公用支出的倍数	
			指标值	得分	指标值	得分	指标值	得分	指标值	得分	指标值	得分
	全院合计											
1	××1											
2	××2											
3	××3											
4	××4											
5	××5											

注：总得分＝20％×（人均基本运行支出指标得分＋人均人员支出指标得分＋人均公用支出指标得分＋在职人员绩效工资是基本工资的倍数指标得分＋日常公用总支出是财政性公用支出的倍数指标得分）。

表 4—55　　综合评价结果

总排名	单位	总得分	总体收入水平得分	筹资能力得分	资金支付能力得分
1	××1				
2	××2				
3	××3				
4	××4				
5	××5				

第五章

案例实证与评析

利用以上分析与评价体系，最终的分析与评价结果主要以报告形式呈现，整体报告由全院总分析报告和院属各单位分报告组成。总报告是汇总全院单位数据，并主要通过综合分析、对比分析和趋势分析，综合反映全院及各单位的财力保障水平，各单位的分报告是在全院总报告的基础上，进一步分析各单位具体的财力保障情况，深入挖掘内因和分析存在的问题，并有针对性地提出管理建议。

第一节　财力保障水平分析报告案例

一、中国热带农业科学院 2019 年财力保障水平分析报告

中国热带农业科学院 2019 年预算管理坚持围绕建设“热带农业科技创新中心”的战略发展目标，以保障正常运转为前提，以提升科技内涵为核心，以加强人才队伍建设为基础，以加快实施热带农业“科技创新能力提升行动”为目标，落实“235”保障工程，为热科院科研事业发展提供财力支撑和保障。筹集有限的财力物力提升热科院科技创新能力和开发创收能力以推动院所和谐发展，是全院各单位面临的重要课题，及时掌握院属各单位的财力保障水平显得尤为重要。

为了解院属各单位财力情况，提高热科院预算管理的科学化和精细化水平，我们从 2012 年开始，每年组织开展院属单位财力保障水平调查研究，并编写全

院及院属各单位财力保障水平分析报告。通过前几年的探索和总结,我们对院属单位财力保障水平评价指标和分析体系进行了修正和改进,力求能更加全面、系统,客观、公正地反映院属单位真实的财力情况和保障水平。

2019 年院属单位财力保障水平调查研究工作主要经历了两个阶段:一是 2019 年 5 月,组织院属各单位对 2019 年相关数据进行了分析填报,并对部分单位填报的数据进行实地抽样核查,对数据进行汇总分析;二是 6—8 月,根据数据分析情况进行研究,形成分析报告。

报告主要对院属各单位的收入和支出两大方面进行分析,着重分析了各单位的竞争能力、发展水平、财政保障程度等情况,并综合各方面的分析指标,从总体经济实力、筹资能力、资金支付能力 3 类 14 项指标,对院属单位的财力保障水平进行综合评价和排名。为直观易懂,本报告主要采用了图表文字相结合的方式进行分析。

由于受研究方法、指标选择的科学性和合理性的影响,而且分析的样本数量较少,且难以完全剔除一些具体因素对指标值的影响,部分具体指标无法完全客观地反映各单位的真实情况,必然导致评价结果出现一定程度的偏差。因此,本报告相关数据及结论仅供相关单位和院领导开展管理工作参考,不宜作为有关评价评估工作的依据。

(一)基本情况

1. 人员情况

截至 2019 年 12 月 31 日,全院职工总人数 6 373 人,其中在职从业人员 3 324 人,占总人数的 52.16%;离退休人员 3 049 人,占总人数的 47.84%。各类人员具体情况如下。

编内在职人员:2 504 人,其中财政补助人员 2 503 人,占总人数的 39.28%;经费自理人员 1 人,占总人数的 0.02%。

长期聘用人员:819 人,占总人数的 12.85%,指聘用期在一年以上的编制外聘用人员(不含劳务派遣人员)。不属财政补助人员,若为课题项目聘用人员,其工资报酬反映为项目课题的劳务费支出。

离休人员:13 人,占总人数的 0.20%,属财政补助人员。

退休人员：3 036 人，占总人数的 47.64%，属财政补助人员。

科研人员：1 315 人，占从业人员的 39.56%，指聘用在科研岗位上的在编在职人员（含“双肩挑”人员，不包括管理岗位和工勤岗位人员，也不包括客座研究员等柔性引进人员）。

具体数据参见表 5—1。

表 5—1　　　　人员情况统计表　　　　单位：人

单位	总人数										财政补助人员	科研人员
	合计	从业人员						离退休人员				
		小计	编内在职人员				长期聘用人员	小计	离休人员	退休人员		
			小计	在职在岗人员	在职离岗人员	经费自理人员						
合计	6 373	3 324	2 504	2 500	3	1	819	3 049	13	3 036	5 552	1 315
研究所 01	177	125	124	124			1	52	1	51	176	
研究所 02	321	266	209	209			57	55		55	264	181
研究所 03	422	339	242	241	1		97	83		83	325	189
研究所 04	215	188	188	188				27		27	215	135
研究所 05	265	250	190	189	1	0	60	15		15	205	146
研究所 06	469	230	166	166		0	64	239	3	236	405	90
研究所 07	140	111	110	110	0	0	1	29	2	27	139	97
研究所 08	87	71	65	65			6	16	1	15	81	48
研究所 09	157	84	78	78			6	73		73	151	51
研究所 10	94	41	40	40			1	53		53	93	18
研究所 11	36	28	26	25	0	1	1	8	0	8	33	11
研究所 12	413	174	163	163			11	239	4	235	402	96
研究所 13	101	54	45	45	0	0	9	47	1	46	92	33
研究所 14	176	108	108	107	1			68		68	176	54
研究所 15	310	148	136	136			12	162		162	298	82
附属单位 1	267	129	98	98			31	138		138	236	
附属单位 2	2 723	978	516	516			462	1 745	1	1 744	2 261	84

2. 资产负债情况

截至 2019 年 12 月 31 日，全院总资产 32.27 亿元，负债 5.53 亿元，净资产 26.74 亿元。其中：

资产包括：流动资产 9.15 亿元，占总资产的 28.35%；长期投资 0.35 亿元，占总资产的 1.08%；固定资产 9.22 亿元，占总资产的 28.57%；在建工程 13.34 亿元，占总资产的 41.34%；无形资产 0.15 亿元，占总资产的 0.46%。

负债包括:流动负债 5.40 亿元,占负债的 97.65%;长期负债 0.08 亿元,占负债的 1.45%。

净资产包括:累计盈余 26.02 亿元,占净资产的 97.31%;专用基金 0.72 亿元,占净资产的 2.69%。

(二)财力保障分析

1. 收入情况分析

(1)总体收入情况

我院 2019 年总收入 139 861.40 万元(不含院所之间上缴收入、院对下属单位的补助收入及职工保障住房缴款),其中:财政拨款 104 464.86 万元,占 74.69%;事业收入 29 556.72 万元,占 21.13%;经营收入 272.66 万元,占 0.19%;其他收入 5 567.16 万元,占 3.98%,见图 5—1。

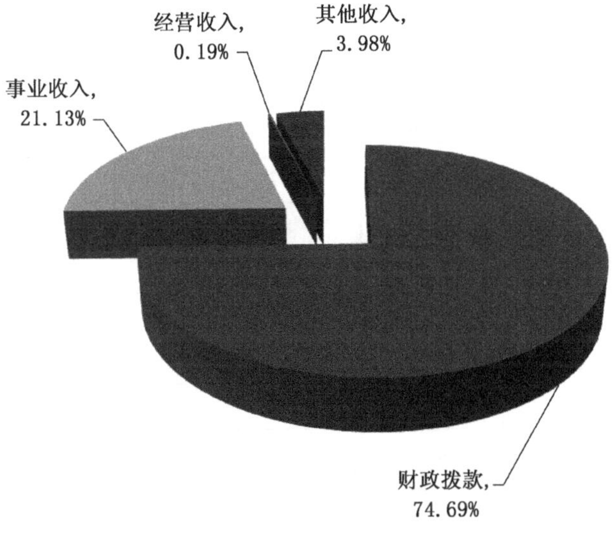

图 5—1　2019 年收入构成情况图

2019 年全院总收入比上年增加 6.22%,有 11 家单位正增长,6 家单位负增长,其中:研究所 13、研究所 07 和研究所 10 增幅超过了 30%,研究所 12 负增长 19.7%。2019 年全院人均总收入 21.95 万元,比上年增加 8.74%。研究所 05、研究所 01 等 14 家单位人均总收入水平高于全院平均水平,研究所 12、附属单位1和附属单位2人均总收入水平低于全院平均水平。人均总收入受基建项目、修购项目经费规模影响较大。如研究所13人均收入较高,主要是包含了承担的建设项目经费3 000万元(详见表5—2)。

表5—2　　人均收入情况统计表　　单位:万元/人

单位	总收入	比上年增减(%)	总人数(人)	人均收入	比上年增减(%)	按人均收入排序
合计	139 861.40	6.22	6 373	21.95	8.74	
研究所01	10 414.79	−2.69	177	58.84	−4.89	1
研究所05	14 268.12	11.70	265	53.84	17.18	2
研究所13	5 369.04	61.37	101	53.16	62.96	3
研究所04	10 769.91	1.49	215	50.09	0.55	4
研究所02	13 746.71	15.94	321	42.82	25.33	5
研究所03	17 354.64	16.51	422	41.12	36.66	6
研究所14	6 840.93	18.59	176	38.87	19.94	7
研究所09	5 994.02	24.45	157	38.18	25.24	8
研究所07	5 242.14	42.86	140	37.44	39.80	9
研究所11	1 311.98	14.22	36	36.44	42.77	10
研究所08	3 041.92	−9.81	87	34.96	−10.84	11
研究所10	2 510.19	35.98	94	26.70	33.08	12
研究所06	10 900.39	−7.70	469	23.24	−10.26	13
研究所15	6 946.16	3.84	310	22.41	1.16	14
研究所12	8 047.39	−19.70	413	19.49	−20.09	15
附属单位1	2 717.41	−15.36	267	10.18	−16.94	16
附属单位2	14 385.66	−5.04	2 723	5.28	−2.74	17

(2)收入资金性质分析

本报告将收入分为财政性资金收入和非财政性资金收入两大类。财政性资金收入包括中央财政拨款、地方财政拨款和其他财政性资金(含承担的科研单位、高校等机构的财政性纵向项目收入);非财政性资金收入包括科技开发收入、经营收入和其他非财政性资金收入(含承担企业和其他社会组织委托的非财政性横向项目收入)。

2019年全院财政性资金收入122 385.39万元，占总收入的87.5%，非财政性资金收入17 476.01万元，占总收入的12.5%(详见表5—3)。

表5—3　　收入来源结构分析表　　单位:万元

单位	总计	财政性资金收入		非财政性资金收入	
		收入合计		收入合计	
		金额	占总收入比(%)	金额	占总收入比(%)
合计	139 861.40	122 385.39	87.50	17 476.01	12.50
研究所01	10 414.79	7 832.49	75.21	2 582.30	24.79
研究所02	13 746.71	11 927.40	86.77	1 819.31	13.23
研究所03	17 354.64	16 591.11	95.60	763.53	4.40
研究所04	10 769.91	9 884.25	91.78	885.66	8.22
研究所05	14 268.12	13 466.35	94.38	801.77	5.62
研究所06	10 900.39	9 876.80	90.61	1 023.59	9.39
研究所07	5 242.14	4 884.78	93.18	357.36	6.82
研究所08	3 041.92	2 271.25	74.67	770.67	25.33
研究所09	5 994.02	5 583.24	93.15	410.78	6.85
研究所10	2 510.19	1 855.95	73.94	654.24	26.06
研究所11	1 311.98	1 043.75	79.56	268.23	20.44
研究所12	8 047.39	5 932.38	73.72	2 115.01	26.28
研究所13	5 369.04	4 819.16	89.76	549.88	10.24
研究所14	6 840.93	5 374.58	78.57	1 466.35	21.43
研究所15	6 946.16	5 731.11	82.51	1 215.05	17.49
附属单位1	2 717.41	2 070.48	76.19	646.93	23.81
附属单位2	14 385.66	13 240.31	92.04	1 145.35	7.96

①财政性资金情况分析

从各单位财政性资金收入占全院的比重分析，财政性资金拨款主要集中在非营利所，5 个非营利所财政性资金占全院的 50.45%。附属单位 2 财政性资金占全院的 10.82%，而附属单位 2 人员数(包括在职和离退休人员)占全院的 40.72%(详见表 5—4)。

从人均水平看，有 12 家单位高于全院平均水平，其中研究所 05 水平较高，有 5 家单位低于全院平均水平(详见表 5—5)。

表 5—4 **财政性资金收入占全院比重分析表** 单位：万元

单位	财政性资金收入	占全院比重(%)	排序
全院合计	122 385.39	100.00	
研究所 03	16 591.11	13.56	1
研究所 05	13 466.35	11.00	2
附属单位 2	13 240.31	10.82	3
研究所 02	11 927.40	9.75	4
研究所 04	9 884.25	8.08	5
研究所 06	9 876.80	8.07	6
研究所 01	7 832.49	6.40	7
研究所 12	5 932.38	4.85	8
研究所 15	5 731.11	4.68	9
研究所 09	5 583.24	4.56	10
研究所 14	5 374.58	4.39	11
研究所 07	4 884.78	3.99	12
研究所 13	4 819.16	3.94	13
研究所 08	2 271.25	1.86	14
附属单位 1	2 070.48	1.69	15
研究所 10	1 855.95	1.52	16
研究所 11	1 043.75	0.85	17

表 5—5　　人均财政性资金分析表　　单位:万元

单位	财政性资金收入	财政补助人数（人）	人均财政性资金收入	排序
全院合计	122 385.39	5 552	22.04	
研究所 05	13 466.35	205	65.69	1
研究所 13	4 819.16	92	52.38	2
研究所 03	16 591.11	325	51.05	3
研究所 04	9 884.25	215	45.97	4
研究所 02	11 927.40	264	45.18	5
研究所 01	7 832.49	176	44.50	6
研究所 09	5 583.24	151	36.98	7
研究所 07	4 884.78	139	35.14	8
研究所 11	1 043.75	33	31.63	9
研究所 14	5 374.58	176	30.54	10
研究所 08	2 271.25	81	28.04	11
研究所 06	9 876.80	405	24.39	12
研究所 10	1 855.95	93	19.96	13
研究所 15	5 731.11	298	19.23	14
研究所 12	5 932.38	402	14.76	15
附属单位 1	2 070.48	236	8.77	16
附属单位 2	13 240.31	2 261	5.86	17

注:表中总人数含在编在职职工人数和离退休人数。

②非财政性资金情况分析

非财政性资金体现单位自主创收的实力。从各单位非财政性资金收入占全院的比重分析,研究所 01、研究所 12、研究所 02、研究所 14、研究所 15 和附属单位 26 家单位占的比重较大,合计占了全院的 59.19%。从人均收入分析,全院非财政性资金收入人均 5.26 万元,其中研究所 01、研究所 10、研究所 14 和研究所 12 这 4 家单位的人均收入较高,人均超过了 11 万元,附属单位 2 等 8 家单位低于全院平均水平(详见表 5—6、表 5—7)。

表 5—6　　非财政性资金收入占全院比重分析表　　单位:万元

单位	非财政性资金收入	占全院比重(%)	排序
全院合计	17 476.01	100	
研究所 01	2 582.30	14.78	1
研究所 12	2 115.01	12.10	2
研究所 02	1 819.31	10.41	3
研究所 14	1 466.35	8.39	4
研究所 15	1 215.05	6.95	5
附属单位 2	1 145.35	6.55	6
研究所 06	1 023.59	5.86	7
研究所 04	885.66	5.07	8
研究所 05	801.77	4.59	9
研究所 08	770.67	4.41	10
研究所 03	763.53	4.37	11
研究所 10	654.24	3.74	12
附属单位 1	646.93	3.70	13
研究所 13	549.88	3.15	14
研究所 09	410.78	2.35	15
研究所 07	357.36	2.04	16
研究所 11	268.23	1.53	17

表 5—7　　人均非财政性资金收入分析表　　单位:万元

单位	非财政性资金收入	从业人数(人)	人均非财政性资金收入	排序
合计	17 476.01	3 324	5.26	
研究所 01	2 582.30	125	20.66	1
研究所 10	654.24	41	15.96	2
研究所 14	1 466.35	108	13.58	3
研究所 12	2 115.01	174	12.16	4

续表

单位	非财政性资金收入	从业人数(人)	人均非财政性资金收入	排序
研究所 08	770.67	71	10.85	5
研究所 13	549.88	54	10.18	6
研究所 11	268.23	28	9.58	7
研究所 15	1 215.05	148	8.21	8
研究所 02	1 819.31	266	6.84	9
附属单位 1	646.93	129	5.01	10
研究所 09	410.78	84	4.89	11
研究所 04	885.66	188	4.71	12
研究所 06	1 023.59	230	4.45	13
研究所 07	357.36	111	3.22	14
研究所 05	801.77	250	3.21	15
研究所 03	763.53	339	2.25	16
附属单位 2	1 145.35	978	1.17	17

注：表中从业人数包括编内在职人员和编外聘用人员。

(3)收入来源渠道分析

①财政性资金收入来源情况分析

财政性资金收入来源包括主管部门下达的部门预算财政拨款以及其他财政性拨款(包括其他中央部门项目拨款、地方财政项目拨款、合作单位项目拨款、地方社保返还拨款、地方财政补贴拨款等)。

2019 年全院财政性资金收入中，部门预算财政拨款占 85.36%，其他财政性拨款占 14.64%，说明热科院主要是依靠主管部门下达的部门预算财政拨款资金，争取其他中央部门和地方财政资金的能力和水平不高。

部门预算财政拨款包括基本支出经费、住房改革支出经费和项目支出经费。部门预算财政拨款全院人均 18.82 万元，有 13 家单位高于全院平均水平，4 家单位低于全院平均水平，其中：基本支出经费人均 8.97 万元(不含住房改革支出)，有 9 家单位高于全院平均水平，8 家单位低于全院平均水平(详见表 5—8)。

其他财政性拨款全院人均 3.23 万元，其中研究所 05、研究所 04、研究所 01、研究所 03 等 8 家单位人均超过 5 万元，其他 9 家单位均低于 5 万元，说明我院大部分单位争取中央其他部门和地方各级政府等的竞争性项目的能力不强，需继续拓宽各项目资金的来源渠道(详见表 5—9)。

表 5—8　　人均部门预算财政拨款收入情况分析表　　单位:万元、人

单位	部门预算财政拨款收入	部门预算财政拨款占财政性资金收入比重(%)	财政补助人员数	人均部门预算财政拨款		按人均部门预算财政拨款排序
				总计人均	其中:基本支出人均	
全院合计	104 464.86	85.36	5 552	18.82	8.97	
研究所 05	11 004.48	81.72	205	53.68	18.82	1
研究所 13	4 355.54	90.38	92	47.34	5.28	2
研究所 03	13 974.5	84.23	325	43.00	16.48	3
研究所 02	10 400.72	87.20	264	39.40	17.31	4
研究所 04	7 509.91	75.98	215	34.93	14.23	5
研究所 01	5 843.44	74.61	176	33.20	17.27	6
研究所 09	4 698.18	84.15	151	31.11	10.04	7
研究所 07	4 282.47	87.67	139	30.81	25.82	8
研究所 11	974.39	93.36	33	29.53	13.55	9
研究所 08	2 180.69	96.01	81	26.92	15.37	10
研究所 14	4 507.76	83.87	176	25.61	4.11	11
研究所 06	8 878.24	89.89	405	21.92	8.79	12
研究所 10	1 845.23	99.42	93	19.84	8.36	13
研究所 15	4 153.21	72.47	298	13.94	5.76	14
研究所 12	4 816.54	81.19	402	11.98	5.66	15
附属单位 1	2 047.38	98.88	236	8.68	7.61	16
附属单位 2	12 992.18	98.13	2 261	5.75	5.22	17

注:1. 表中财政补助人员数含编内在职人员数和离退休人员数。

2. 基本支出人均不含住房改革支出。

表 5—9 人均其他财政性拨款收入情况分析表 单位:万元/人

单位	其他财政性拨款收入	其他财政性拨款占财政性资金收入比重(%)	财政补助人员数	人均其他财政性拨款	按人均其他财政性拨款排序
全院合计	17 920.53	14.64	5 552	3.23	
研究所 05	2 461.87	18.28	205	12.01	1
研究所 01	1 989.05	25.39	176	11.30	2
研究所 04	2 374.34	24.02	215	11.04	3
研究所 03	2 616.61	15.77	325	8.05	4
研究所 09	885.06	15.85	151	5.86	5
研究所 02	1 526.68	12.80	264	5.78	6
研究所 15	1 577.90	27.53	298	5.29	7
研究所 13	463.62	9.62	92	5.04	8
研究所 14	866.82	16.13	176	4.93	9
研究所 07	602.31	12.33	139	4.33	10
研究所 12	1 115.84	18.81	402	2.78	11
研究所 06	998.56	10.11	405	2.47	12
研究所 11	69.36	6.64	33	2.10	13
研究所 08	90.56	3.99	81	1.12	14
研究所 10	10.72	0.58	93	0.12	15
附属单位 2	248.13	1.87	2 261	0.11	16
附属单位 1	23.10	1.12	236.00	0.10	17

注:表中财政补助人员数含编内在职人员数和离退休人员数。

②非财政性资金收入来源情况分析

2019 年全院非财政性资金收入中,技术收入占 44.64%,试制产品收入占 23.54%,租赁收入占 14.91%,其他收入占 11.12%,以上四项合计占比 94.21%。从各项收入情况看,技术收入最多的单位是研究所 14,占全院该项收入的 17.02%;学术活动收入最多的单位是研究所 07,占全院该项收入的 59.33%;科普活动收入最多的单位是研究所 14,占全院该项收入的 66.7%;试制产品收入最多的单位是研究所 02,占全院该项收入的 32.44%;经营服务收入和租赁收入最多的单位是附属单位 1 和研究所 12，分别占全院该项收入的 67.47%和 35.12%；其他收入最多的单位是研究所 01，占全院该项收入的 32.7%（详见表 5—10）。

表 5—10 非财政性资金收入来源情况分析表 单位：万元

单位	合计	技术收入	学术活动收入	科普活动收入	试制产品收入	经营收入	租赁收入	其他收入
全院合计	17 476.01	7 800.81	157.79	16.13	4 114.20	838.19	2 604.93	1 943.96
研究所 01	2 582.30	1 294.03	64.18				588.46	635.63
研究所 02	1 819.31	364.40			1 334.49			120.42
研究所 03	763.53	205.28			371.13			187.12
研究所 04	885.66	651.80			69.29			164.57
研究所 05	801.77	418.26			314.91			68.60
研究所 06	1 023.59	252.03		2.63	301.65	234.21	49.61	183.46
研究所 07	357.36	239.68	93.61					24.07
研究所 08	770.67	730.88			19.92			19.87
研究所 09	410.78	182.88			132.99		82.34	12.57
研究所 10	654.24	20.60			15.07	38.45	564.46	15.66
研究所 11	268.23	54.17		2.74	95.85		83.55	31.92
研究所 12	2 115.01	1 180.81					914.80	19.40
研究所 13	549.88	91.35			139.26		272.35	46.92
研究所 14	1 466.35	1 327.41		10.76	87.05		1.45	39.68
研究所 15	1 215.05	738.78			295.96		47.91	132.40
附属单位 1	646.93					565.53		81.40
附属单位 2	1 145.35	48.45			936.63			160.27

（4）收入资金用途情况分析

从资金用途分析，我们将单位全部收入划分为基本运行经费、科研项目经费和条件建设经费。基本运行经费包括财政拨款基本支出经费（人员经费和日常公用经费），财政拨款项目中可以安排用于日常运行的部分经费（如社会公益类科研机构改革专项经费、运转费以及业务管理类项目经费），以及单位创收收入中安排用于基本运行支出的经费。科研项目经费包括单位通过各种渠道获得的稳定性支持项目和竞争性科研项目(课题)经费。条件建设经费包括财政支持的基建项目经费、修缮购置项目经费和单位自有资金中安排用于科研条件建设的经费。

2019 年全院基本运行经费 79 836.97 万元,占总收入的 57.08%,比上年的 59.56%降低 2.48 个百分点;科研项目经费 34 963.96 万元,占总收入的 25%,比上年的 19.62%增长 5.38 个百分点;条件建设经费 25 060.47 万元,占总收入的 17.92%,比上年的 20.82%降低 2.9 个百分点。科研项目经费、条件建设经费作为满足热科院发展需求的经费,占 42.92%。总体来说,热科院的经费主要还是用于保证单位的基本运行需求,用于履行科研职责任务及单位发展的资金所占比重仍然较低。

根据热科院科研单位的性质,按发展经费比例(科研项目经费与条件建设经费占比总和)进行比较分析和排序,研究所 13 最高 77.3%。研究所 06 等 7 家单位高于 50%,研究所 01 等 9 家单位低于全院平均水平。一家单位的正常运行,首先要保证单位基本运行经费,但发展经费水平较低,必将影响单位的人才稳定、科研任务的开展、科研成果转化等职能的履行和单位的发展。因此,各科研单位,特别是发展经费水平偏低的单位,仍需努力争取各方面的科研项目经费支持,拓宽科研经费申请渠道,提高竞争能力(详见表 5—11)。

表 5—11　　按资金用途结构分析表　　单位:万元

单位	收入总计	基本运行经费		科研项目经费		条件建设经费		发展经费比例	按发展经费比例排序
		金额	占比(%)	金额	占比(%)	金额	占比(%)	合计(%)	
全院合计	139 861.40	79 836.97	57.08	34 963.96	25.00	25 060.47	17.92	42.92	
研究所 13	5 369.04	1 218.84	22.70	790.20	14.72	3 360.00	62.58	77.30	1
研究所 09	5 994.02	2 135.01	35.62	2 061.13	34.39	1 797.88	29.99	64.38	2
研究所 14	6 840.93	2 808.24	41.05	1 425.34	20.84	2 607.35	38.11	58.95	3
研究所 03	17 354.64	7 531.47	43.40	6 792.17	39.14	3 031.00	17.47	56.60	4
研究所 05	14 268.12	6 266.22	43.92	5 232.90	36.68	2 769.00	19.41	56.08	5
研究所 04	10 769.91	5 210.64	48.38	4 714.27	43.77	845.00	7.85	51.62	6
研究所 06	10 900.39	5 440.25	49.91	2 675.14	24.54	2 785.00	25.55	50.09	7
研究所 15	6 946.16	3 820.11	55.00	2 031.05	29.24	1 095.00	15.76	45.00	8

续表

单位	收入总计	基本运行经费		科研项目经费		条件建设经费		发展经费比例	按发展经费比例排序
		金额	占比(%)	金额	占比(%)	金额	占比(%)	合计(%)	
研究所 11	1 311.98	777.62	59.27	402.36	30.67	132.00	10.06	40.73	9
研究所 02	13 746.71	8 240.34	59.94	4 096.37	29.80	1 410.00	10.26	40.06	10
研究所 12	8 047.39	4 825.55	59.96	2 186.84	27.17	1 035.00	12.86	40.04	11
研究所 10	2 510.19	1 514.28	60.33	197.91	7.88	798.00	31.79	39.67	12
研究所 01	10 414.79	7 061.08	67.80	1 231.47	11.82	2 122.24	20.38	32.20	13
研究所 07	5 242.14	3 656.14	69.75	388.00	7.40	1 198.00	22.85	30.25	14
研究所 08	3 041.92	2 228.11	73.25	738.81	24.29	75.00	2.47	26.75	15
附属单位 1	2 717.41	2 717.41	100.00		0.00		0.00	0.00	16
附属单位 2	14 385.66	14 385.66	100.00		0.00		0.00	0.00	17

①人均基本运行经费来源分析

从资金来源情况看，全院可用于基本运行的人均经费为 12.53 万元，其中研究所 01 等 11 家单位人均水平高于全院平均水平，研究所 01 最高人均经费 39.89 万元，附属单位 2 最低人均经费 5.28 万元，说明全院各单位的基本支出经费水平不均衡，存在较大的差距。全院人均财政性基本运行经费为 10.98 万元，其中研究所 01 等 9 家单位高于全院平均水平，最高的研究所 05 人均水平是最低的附属单位 2 的 4.61 倍，说明由于科研单位体制原因，不同类型单位的财政拨款水平不均衡，非营利所和农业事业单位较高，拟转企所偏低。从财政性经费来源占基本运行经费比重看，热科院大部分单位的基本运行财力保障水平取决于财政支持力度(详见表 5—12)。

表 5—12　　人均基本运行经费来源情况分析表　　单位:万元

单位	基本运行经费来源			基本运行财政性经费来源			财政性资金来源占比(%)	人均基本运行经费排序
	金额	总人数(人)	人均	小计	财政补助人数(人)	人均		
全院合计	79 836.97	6 373	12.53	60 968.35	5 552	10.98	76.37	
研究所 01	7 061.08	177	39.89	3 629.84	176	20.62	51.41	1
研究所 07	3 656.14	140	26.12	2 696.47	139	19.40	73.75	2
研究所 02	8 240.34	321	25.67	6 367.64	264	24.12	77.27	3
研究所 08	2 228.11	87	25.61	1 408.68	81	17.39	63.22	4

续表

单位	基本运行经费来源			基本运行财政性经费来源			财政性资金来源占比(%)	人均基本运行经费排序
	金额	总人数(人)	人均	小计	财政补助人数(人)	人均		
研究所 04	5 210.64	215	24.24	4 256.78	215	19.80	81.69	5
研究所 05	6 266.22	265	23.65	5 439.63	205	26.53	86.81	6
研究所 11	777.62	36	21.60	509.39	33	15.44	65.51	7
研究所 03	7 531.47	422	17.85	6 794.28	325	20.91	90.21	8
研究所 10	1 514.28	94	16.11	865.23	93	9.30	57.14	9
研究所 14	2 808.24	176	15.96	1 222.77	176	6.95	43.54	10
研究所 09	2 135.01	157	13.60	1 699.30	151	11.25	79.59	11
研究所 15	3 820.11	310	12.32	2 362.37	298	7.93	61.84	12
研究所 13	1 218.84	101	12.07	589.54	92	6.41	48.37	13
研究所 12	4 825.55	413	11.68	2 710.54	402	6.74	56.17	14
研究所 06	5 440.25	469	11.60	4 416.66	405	10.91	81.18	15
附属单位 1	2 717.41	267	10.18	2 047.38	236	8.68	75.34	16
附属单位 2	14 385.66	2 723	5.28	12 992.18	2 261	5.75	90.31	17

②人均科研项目经费情况分析

科研经费是衡量科研单位科研竞争实力和科研工作水平的一项重要财务指标，由于科研单位的科研活动主要由科研人员来完成，因此以科研人员人均科研经费指标进行排序。同时，分析表对在职在岗人员人均科研经费进行计算供参考。

全院 14 家科研单位（考虑单位职责因素，剔除研究所 01、附属单位 1 和附属单位共 23 家单位），科研人员人均科研经费 27.4 万元，其中研究所 09、研究所 11、研究所 03、研究所 05 等 6 家单位高于全院平均水平（详见表 5—13）。

表 5—13　　人均科研项目经费情况分析表　　单位：万元/人

单位	科研项目经费					
	金额	在职在岗人员人均		科研人员人均		按科研人员人均排序
		人数(人)	金额	人数(人)	金额	
全院合计	33 732.49	1 762	19.14	1 231	27.40	

续表

单位	科研项目经费					
	金额	在职在岗人员人均		科研人员人均		按科研人员人均排序
		人数(人)	金额	人数(人)	金额	
研究所 09	2 061.13	78	26.42	51	40.41	1
研究所 11	402.36	25	16.09	11	36.58	2
研究所 03	6 792.17	241	28.18	189	35.94	3
研究所 05	5 232.90	189	27.69	146	35.84	4
研究所 04	4 714.27	188	25.08	135	34.92	5
研究所 06	2 675.14	166	16.12	90	29.72	6
研究所 14	1 425.34	107	13.32	54	26.40	7
研究所 15	2 031.05	136	14.93	82	24.77	8
研究所 13	790.20	45	17.56	33	23.95	9
研究所 12	2 186.84	163	13.42	96	22.78	10
研究所 02	4 096.37	209	19.60	181	22.63	11
研究所 08	738.81	65	11.37	48	15.39	12
研究所 10	197.91	40	4.95	18	11.00	13
研究所 07	388.00	110	3.53	97	4.00	14

注:本表剔除研究所 01、附属单位 1、附属单位 2。

③人均条件建设经费分析

科研单位的条件建设经费是保证各科研项目完成、提升科技综合能力及可持续发展的重要保障。按编制内在职人员统计,全院人均条件建设经费 9.75 万元,有 9 家单位高于全院人均水平。有些单位由于体制原因,受申报条件建设经费限制,而部分单位承担的条件建设项目属多家单位共享,故此分析表中部分单位人均条件建设经费未能反映各单位的实际情况(详见表 5—14)。

表 5—14　　人均条件建设经费情况分析表　　单位:万元/人

单位	条件建设经费			在编在职人员		排序
	金额	基建项目	修购项目	人数(人)	人均	
全院合计	24 420.88	15 313.00	9 107.88	2 504	9.75	
研究所 13	3 360.00	3 000.00	360.00	45	74.67	1
研究所 14	2 605.00	1 710.00	895.00	108	24.12	2
研究所 09	1 797.88	1 500.00	297.88	78	23.05	3
研究所 10	798.00	600.00	198.00	40	19.95	4
研究所 06	2 785.00	2 150.00	635.00	166	16.78	5
研究所 05	2 769.00	1 559.00	1 210.00	190	14.57	6
研究所 03	3 031.00	1 536.00	1 495.00	242	12.52	7
研究所 01	1 485.00	260.00	1 225.00	124	11.98	8
研究所 07	1 198.00	1 198.00	0.00	110	10.89	9
研究所 15	1 095.00	600.00	495.00	136	8.05	10
研究所 02	1 410.00	600.00	810.00	209	6.75	11
研究所 12	1 035.00		1 035.00	163	6.35	12
研究所 11	132.00		132.00	26	5.08	13
研究所 04	845.00	600.00	245.00	188	4.49	14
研究所 08	75.00		75.00	65	1.15	15
附属单位 1				98	0.00	16
附属单位 2				516	0.00	17

2. 支出情况分析

(1)基本支出情况

按全口径计算,全院基本运行支出 80 947.02 万元,其中人员支出(含住房改革支出)60 325.74 万元,占 74.52%;日常公用支出(含经营支出中的日常公用支出,以及使用财政拨款项目中的运行费、启动费、业务管理费等项目经费安排的日常公用支出)20 621.28 万元，占 25.48%。基本运行支出人均 12.7 万元，人均水平最高的为研究所 01，附属单位 2 最低，有 12 家单位高于全院平均水平，5 家单位低于平均水平(详见表 5—15)。

表 5—15　　基本运行支出情况分析表　　单位：万元

单位	总人数（人）	基本运行支出			基本运行人均支出	排序
		合计	人员支出（含住房改革支出）	公用支出		
合计	6 373	80 947.02	60 325.74	20 621.28	12.70	
研究所 01	177	7 381.24	3 840.40	3 540.84	41.70	1
研究所 08	87	2 331.24	1 686.04	645.2	26.80	2
研究所 05	265	6 772.48	4 764.55	2 007.93	25.56	3
研究所 02	321	8 141.61	5 178.20	2 963.41	25.36	4
研究所 04	215	5 184.53	4 067.08	1 117.45	24.11	5
研究所 11	36	777.51	499.42	278.09	21.60	6
研究所 03	422	8 551.22	5 855.81	2,695.41	20.26	7
研究所 07	140	2 594.92	1 590.57	1 004.35	18.54	8
研究所 14	176	2 849.71	2 522.65	327.06	16.19	9
研究所 10	94	1 505.27	963.56	541.71	16.01	10
研究所 12	413	6 039.87	4 090.93	1 948.94	14.62	11
研究所 09	157	2 066.33	1 535.33	531.00	13.16	12
研究所 15	310	3 759.61	3 213.19	546.42	12.13	13
研究所 13	101	1 173.02	1 083.50	89.52	11.61	14
研究所 06	469	5 142.31	4 417.72	724.59	10.96	15
附属单位 1	267	2 697.43	2 072.91	624.52	10.10	16
附属单位 2	2 723	13 978.72	12 943.88	1 034.84	5.13	17

(2)人员支出情况

人员支出主要包括工资福利支出以及对个人和家庭的补助支出，其中工资福利支出包括按人事工资总额应发数统计的工资性支出，以及单位缴纳的社会保险费，对个人和家庭的补助支出包括医疗费、抚恤金、生活补助等，不包括住房改革支出。2019 年人员总支出 53 210.07 万元，其中从业人员支出 44 146.13 万元，离退休人员支出 9 063.93 万元(其中离休人员支出 297.34 万元)。

①从业人员支出情况

从业人员支出 44 146.13 万元，其中：在职在岗人员支出 40 363.66 万元，编外聘用人员支出 3 761.48 万元。

在职在岗人员全院人均 16.15 万元，研究所 14 等 13 家单位高于全院人均水平，附属单位 2 等 4 家单位低于平均水平。

编外聘用人员支出 3 761.48 万元，全院人均 4.59 万元。人均最高的是研究所 09，人均 6.17 万元；最低的是研究所 10，人均 0.07 万元。

②离休人员支出情况

离休人员支出 297.34 万元，人均 22.87 万元，比上年减少 11.47%。人均离休人员支出最高的是研究所 01，人均 88.86 万元；人均最低的是研究所 07，人均 12.43 万元。

③退休人员支出情况

退休人员支出 8 766.6 万元，人均 2.89 万元，比上年增加 8.42%(人员经费支出情况详见表 5—16)。

(3)在职在岗人员工资水平

2019 年全院在职在岗人员 2 500 人，工资发放总额 34 461.76 万元，其中：基本工资 13 963.89 万元(包括岗位工资、薪级工资及规范津贴补贴)，占工资总额的 40.52%；绩效工资 20 497.87 万元(包括基础绩效工资、奖励绩效工资及单位自行发放的补贴等)，占工资总额的 59.48%。人均工资总额 13.78 万元，比上年增长 9.11%，其中：人均基本工资 5.59 万元，比上年增长 12.92%；人均绩效工资 8.2 万元，比上年增长 6.77%。人均绩效工资与人均基本工资的比例为 1.47∶1(详见表 5—17)。

表 5—16

人员支出情况分析表

单位：万元

单位	合计	总计人均	从业人员经费支出								离休人员经费支出			退休人员经费支出			按总计人均排序
			合计	在职在岗人员			其他在职人员	聘用人员			支出数	人均	人均比上年增减(%)	支出数	人均	人均比上年增减(%)	
				支出数	人均	人均比上年增减(%)		支出数	人均	人均比上年增减(%)							
合计	53 210.07	8.35	44 146.13	40 363.66	16.15	12.18	20.99	3 761.48	4.59	1.88	297.34	22.87	−11.47	8 766.60	2.89	8.42	
研究所 01	3 359.11	18.98	3 049.62	3 044.26	24.55	23.47		5.36	5.36	−34.23	88.86	88.86	0.50	220.63	4.33	0.63	1
研究所 08	1 490.14	17.13	1 429.10	1 396.56	21.49	9.89		32.54	5.42		13.64	13.64	2.87	47.40	3.16	−19.56	2
研究所 04	3 476.52	16.17	3 380.26	3 380.26	17.98	14.78								96.26	3.57	−14.81	3
研究所 05	4 161.64	15.70	4 098.91	3 787.37	20.04	4.71	3.50	308.04	5.13	0.28				62.73	4.18	0.63	4
研究所 02	4 491.35	13.99	4 308.42	4 041.26	19.34	3.84		267.16	4.69	−6.43				182.93	3.33	−9.84	5
研究所 11	447.40	12.43	425.21	419.24	16.77	16.40		5.97	5.97	−0.16				22.19	2.77	−5.93	6
研究所 03	5 098.29	12.08	4 650.15	4 472.35	18.56	10.39	1.94	175.86	1.81	−54.60				448.14	5.40	−1.04	7
研究所 14	2 122.83	12.06	1 839.51	1 823.96	17.05	−4.47	15.55							283.32	4.17	56.22	8
研究所 13	989.98	9.80	840.50	825.53	18.35	7.41		14.97	1.66	−0.11	15.10	15.10	−49.88	134.38	2.92	−11.42	9
研究所 10	875.94	9.32	734.56	734.49	18.36	−3.10		0.07	0.07					141.38	2.67	−25.33	10
研究所 07	1 285.51	9.18	1 182.32	1 178.81	10.72	−24.54		3.51	3.51		24.85	12.43	−20.43	78.34	2.90	19.14	11
研究所 12	3 762.59	9.11	2 902.51	2 860.78	17.55	11.97		41.73	3.79		96.14	24.04	−3.00	763.94	3.25	−7.55	12
研究所 15	2 798.72	9.03	2 416.32	2 393.40	17.60	27.50		22.92	1.91					382.40	2.36	16.95	13
研究所 06	4 061.13	8.66	3 477.37	3 472.45	20.92	18.17		4.92	0.08	−95.17	45.84	15.28	−13.67	537.92	2.28	−18.23	14
研究所 09	1 342.20	8.55	1 108.89	1 071.90	13.74	12.47		36.99	6.17	62.09				233.31	3.20	123.24	15
附属单位 1	1 779.64	6.67	1 391.17	1 279.74	13.06	21.40		111.43	3.59	−10.25				388.47	2.82	12.96	16
附属单位 2	11 667.08	4.28	6 911.31	4 181.30	8.10	22.48		2 730.01	5.91	17.69	12.91	12.91	−6.79	4 742.86	2.72	14.88	17

表 5—17　　在职在岗人员收入分配水平分析表　　单位：万元

单位	工资总收入		基本工资		绩效工资		人均绩效工资、人均基本工资	按人均绩效工资、人均基本工资排名
	金额	人均	金额	人均	金额	人均		
合计	34 461.76	13.78	13 963.89	5.59	20 497.87	8.20	1.47	
研究所 01	2 503.60	20.19	775.82	6.26	1 727.78	13.93	2.23	1
研究所 11	363.75	14.55	117.27	4.69	246.48	9.86	2.10	2
研究所 08	1 098.09	16.89	356.68	5.49	741.41	11.41	2.08	3
研究所 02	3 846.64	18.40	1 257.16	6.02	2 589.48	12.39	2.06	4
研究所 10	623.10	15.58	217.19	5.43	405.91	10.15	1.87	5
研究所 12	2 445.17	15.00	860.24	5.28	1 584.93	9.72	1.84	6
研究所 13	778.30	17.30	282.78	6.28	495.52	11.01	1.75	7
研究所 06	2 853.58	17.19	1 037.49	6.25	1 816.09	10.94	1.75	8
研究所 15	2 012.62	14.80	753.27	5.54	1 259.35	9.26	1.67	9
研究所 04	2 899.26	15.42	1 095.07	5.82	1 804.19	9.60	1.65	10
研究所 05	3 199.09	16.93	1 239.48	6.56	1 959.61	10.37	1.58	11
研究所 14	1 501.23	14.03	584.50	5.46	916.73	8.57	1.57	12
研究所 03	3 641.98	15.11	1 435.30	5.96	2 206.68	9.16	1.54	13
研究所 09	888.43	11.39	403.11	5.17	485.32	6.22	1.20	14
研究所 07	1 078.77	9.81	605.17	5.50	473.60	4.31	0.78	15
附属单位 2	3 405.50	6.60	2 104.24	4.08	1 301.26	2.52	0.62	16
附属单位 1	1 322.65	13.50	839.12	8.56	483.53	4.93	0.58	17

(4)日常运转支出情况分析

日常运转支出是确保单位日常运行所需的经常性公用支出。日常公用全年支出 20 621.28 万元，占全年基本运行支出的 25.48%，与上年基本持平，其中财政性资金安排支出 13 516.78 万元，占全年日常公用支出的 65.54%。按在职在岗人员计算，人均日常公用支出为 8.25 万元，财政性经费安排支出人均 5.41 万元(详见表 5—18)。

需要说明的是，研究所 01 的日常运转支出总额较高，较大程度受财政拨款日常公用经费中一次性安排经费较高的影响。研究所 01 在 2019 年一次性安排经费 465.62 万元，占财政资金的比重为 24.53%。

表 5—18　　日常运转支出情况分析表　　单位:万元

单位	日常运转支出		财政性资金安排支出		日常运转支出是财政性支出的倍数	按在职在岗人均总支出排序
	支出总额	在职在岗人均	财政性经费支出	在职在岗人均		
合计	20 621.28	8.25	13 516.78	5.41	1.53	
研究所 01	3 540.84	28.56	1 898.52	15.31	1.87	1
研究所 02	2 963.41	14.18	2 169.61	10.38	1.37	2
研究所 10	541.71	13.54	192.04	4.80	2.82	3
研究所 12	1 948.94	11.96	230.72	1.42	8.45	4
研究所 03	2 695.41	11.18	1 958.22	8.13	1.38	5
研究所 11	278.09	11.12	175.62	7.02	1.58	6
研究所 05	2 007.93	10.62	1 953.83	10.34	1.03	7
研究所 08	645.20	9.93	497.23	7.65	1.30	8
研究所 07	1 004.35	9.13	1 004.35	9.13	1.00	9
研究所 09	531.00	6.81	415.52	5.33	1.28	10
附属单位 1	624.52	6.37	477.7	4.87	1.31	11
研究所 04	1 117.45	5.94	718.27	3.82	1.56	12
研究所 06	724.59	4.37	656.21	3.95	1.10	13
研究所 15	546.42	4.02	263.74	1.94	2.07	14
研究所 14	327.06	3.06	137.05	1.28	2.39	15
附属单位 2	1 034.84	2.01	730.6	1.42	1.42	16
研究所 13	89.52	1.99	37.55	0.83	2.38	17

①日常运转主要支出项目情况分析

日常运转支出中,支出额度占总支出比例较高的分别是专用材料费、维修(护)费、劳务费、差旅费和水电费,五项费用占总支出的比例合计 44.3%,其中专用材料费占比 10.83%,比上年增加 3.53%;维修(护)费占比 10.78%,比上年减少 31.54%;劳务费(反映支付给单位和个人的劳务费用,如临时聘用人员、钟点工工资,稿费、评审费等)占比 9.77%,比上年增加 8.27%;差旅费占比

7.34%，比上年增加 14.27%；水电费占比 5.58%，比上年增加 23.19%（详见表 5—19、表 5—20）。

表 5—19　　日常运转主要科目支出情况分析表　　单位：万元

支出科目	总支出	占总支出比重(%)	排序
总支出	20 621.28		
专用材料费	2 233.28	10.83	1
维修(护)费	2 222.34	10.78	2
劳务费	2 014.70	9.77	3
差旅费	1 513.52	7.34	4
水电费	1 151.42	5.58	5
培训费	1 050.86	5.10	6
专用设备购置费	647.18	3.14	7
办公设备购置费	472.32	2.29	8
福利费	439.58	2.13	9
办公费	305.38	1.48	10
公务用车运行维护费	296.11	1.44	11
印刷费	281.05	1.36	12
因公出国(境)费用	228.69	1.11	13
咨询费	154.62	0.75	14
会议费	77.50	0.38	15
公务接待费	30.99	0.15	16

②“三公”经费及会议费支出情况分析

“三公”经费是指公务用车运行维护费及购置费、公务接待费、因公出国（境）费。2019 年全院继续落实中央八项规定，厉行节约，公务接待费支出 33.38 万元，比上年减少 12.62 %；公务用车运行维护费支出 303.3 万元，比上年减少 16.02%；因公出国（境）费支出 1 068 万元，比上年增长 48.04%，其中项目经费支出 844.27 万元，占 79.05%；会议费支出 336.72 万元，比上年增长 35.75%，其中项目经费支出 272.75 万元，占 81%（详见表 5—21）。

表 5—20 日常运转主要科目结构分析表 单位:万元

单位	总支出	专用材料费			维修(护)费			劳务费			差旅费			水电费		
		金额	占总支出比例(%)	比上年增减(%)	金额	占总支出比例(%)	比上年增减(%)	金额	占总支出比例(%)	比上年增减(%)	金额	占总支出比例(%)	比上年增减(%)	金额	占总支出比例(%)	比上年增减(%)
合计	20 621.28	2 233.28	10.83	3.51	2 222.34	10.78	−31.57	2 014.70	9.77	8.32	1 513.52	7.34	14.25	1 151.42	5.58	23.18
研究所 01	3 540.84	8.81	0.25	208.04	631.80	17.84	−51.77	30.37	0.86	82.62	316.29	8.93	9.30	99.23	2.80	−44.82
研究所 02	2 963.41	606.99	20.48	4.43	229.95	7.76	−4.72	573.16	19.34	13.61	115.66	3.90	−18.27	153.57	5.18	7.66
研究所 03	2 695.41	172.72	6.41	77.00	152.02	5.64	202.47	335.21	12.44	16.91	113.06	4.19	2.22	215.71	8.00	115.86
研究所 04	1 117.45	130.52	11.68	31.95	128.51	11.50	−18.35	178.47	15.97	72.52	156.68	14.02	169.58	8.04	0.72	87.85
研究所 05	2 007.93	257.45	12.82	11.31	256.93	12.80	185.79	317.50	15.81	28.74	96.92	4.83	0.67	214.90	10.70	−2.28
研究所 06	724.59	113.40	15.65	−45.97	44.15	6.09	−13.62	183.48	25.32	12.86	34.37	4.74	−27.32	2.14	0.30	−85.97
研究所 07	1 004.35	11.25	1.12	101.61	1.79	0.18	7.83	38.17	3.80	52.31	40.97	4.08	−18.27	27.45	2.73	−18.86
研究所 08	645.20	53.91	8.36	−35.13	49.64	7.69	−34.61	103.30	16.01	−55.08	46.50	7.21	−39.30	114.20	17.70	44.36
研究所 09	531.00	146.38	27.57	−36.23	24.36	4.59	138.36	20.46	3.85	34.52	26.01	4.90	−29.97	8.12	1.53	
研究所 10	541.71	7.62	1.41	1.33	26.40	4.87	−26.87	36.05	6.65	85.63	58.18	10.74	33.99	70.63	13.04	305.22
研究所 11	278.09	48.21	17.34	1 494.98	1.47	0.53	−38.58	32.58	11.72	294.18	75.48	27.14	21.61	1.57	0.56	4.74
研究所 12	1 948.94	361.12	18.53	192.17	130.99	6.72	291.72	123.05	6.31	−17.42	259.50	13.31	66.02	126.83	6.51	130.35
研究所 13	89.52	64.48	72.03		9.86	11.01	3 421.43	31.94	35.68	3 262.11	57.37	64.09	249.60	11.01	12.30	619.61
研究所 14	327.06	0.49	0.15	−68.99	1.45	0.44	−97.73		0.00	−100.00	18.77	5.74	−4.48		0.00	
研究所 15	546.42	50.66	9.27	−76.08	34.49	6.31	−77.15	1.13	0.21	−97.71	25.04	4.58	−39.88		0.00	−100.00
附属单位 1	624.52	6.03	0.97		239.06	38.28	−63.77	1.52	0.24	−56.57	17.73	2.84	13.87	32.43	5.19	18.44
附属单位 2	1 034.84	193.24	18.67	−28.45	259.42	25.07	−17.11	8.31	0.80	−74.57	54.99	5.31	−12.09	65.59	6.34	28.01

表 5—21 **"三公"经费及会议费支出水平分析表** 单位：万元

单位	公务用车运行维护费			公务接待费			因公出国(境)费			会议费		
	金额	在职在岗人均	比上年增减(%)	金额	在职在岗人均	比上年增减(%)	金额	在职在岗人均	比上年增减(%)	金额	在职在岗人均	比上年增减(%)
合计	303.30	0.12	−16.02	33.38	0.01	−12.62	1068.00	0.43	48.04	336.72	0.13	35.75
研究所 01	46.41	0.37	−32.97	5.79	0.05	−33.29	400.12	3.23	135.34	50.82	0.41	62.42
研究所 02	18.70	0.09	−3.11	1.70	0.01	−26.72	72.93	0.35	−26.63	46.37	0.22	−1.45
研究所 03	28.25	0.12	−6.64	2.74	0.01	−40.95	139.34	0.58	24.54	88.10	0.37	135.62
研究所 04	33.27	0.18	14.53	0.53	0.00	8.16	145.48	0.77	65.15	48.73	0.26	49.66
研究所 05	28.22	0.15	−12.24	3.39	0.02	−41.95	74.04	0.39	36.76	27.43	0.15	13.11
研究所 06	14.26	0.09	−4.81	2.02	0.01	155.70	18.76	0.11	34.00	14.56	0.09	8.90
研究所 07	6.12	0.06	−40.87	1.08	0.01	−16.92	17.10	0.16	−26.58	9.02	0.08	−27.26
研究所 08	10.99	0.17	−9.17	1.80	0.03	566.67		0.00	−100.00	5.90	0.09	23.17
研究所 09	13.91	0.18	−20.01	0.12	0.00	−64.71	24.04	0.31	6.89	6.48	0.08	−10.74
研究所 10	11.28	0.28	−11.53	0.39	0.01	−50.63		0.00		11.42	0.29	416.74
研究所 11	15.98	0.64	−6.17	0.65	0.03	101.51	0.00	0.00		2.86	0.11	233.64
研究所 12	23.33	0.14	−27.93	3.96	0.02	86.79	14.36	0.09	−10.81	12.14	0.07	1.17
研究所 13	7.67	0.17	−28.25	0.59	0.01	−61.69	6.03	0.13	21.33	6.98	0.16	−33.21
研究所 14	15.48	0.14	−9.26	2.50	0.02	−5.30	62.88	0.59	28.88	3.82	0.04	
研究所 15	4.90	0.04	−59.70	3.17	0.02	45.41	92.92	0.68	37.01	0.85	0.01	−93.01
附属单位 1	6.13	0.06	−38.52	0.53	0.01	51.43		0.00		1.24	0.01	
附属单位 2	18.40	0.04	28.58	2.42	0.00	−32.59		0.00			0.00	

3. 竞争能力分析

(1)市场竞争能力分析

院属各单位的市场竞争能力主要体现在其非财政性资金创收能力上，因此，我们选取与市场创收能力相关性较强的技术收入、学术活动收入、科普活动收入、试制产品收入、经营收入 5 个指标进行分析。

2019 年，全院人均市场竞争收入为 3.89 万元，市场竞争能力整体较弱。人均市场竞争性水平在 4 万元以上的有 9 家单位（研究所 14、研究所 01、研究所 08、研究所 15、研究所 12、研究所 02、研究所 11、附属单位 1、研究所 13），市场竞争能力相对较强；其余 8 家单位人均低于 4 万元。

从构成情况来看，热科院竞争性收入的构成从高到低依次是技术收入(60.34%)、试制产品收入(31.83%)、经营收入(6.48%)、学术活动收入(1.22%)、科普活动收入(0.12%)，收入构成不均衡，需要从多方面挖掘市场竞争潜力（详见表 5—22）。

表 5—22　　　　　　　　　　竞争性收入分析表　　　　　　　　　　单位:万元

单位	技术收入		学术活动收入		科普活动收入		试制产品收入		经营收入		市场竞争性收入	人均市场竞争性收入	排序
	金额	占比(%)	金额	占比(%)	金额	占比(%)	金额	占比(%)	金额	占比(%)			
合计	7 800.81	60.34	157.79	1.22	16.13	0.12	4 114.20	31.83	838.19	6.48	12 927.12	3.89	
研究所 14	1 327.41	93.14			10.76	0.75	87.05	6.11			1 425.22	13.20	1
研究所 01	1 294.03	95.27	64.18	4.73							1 358.21	10.87	2
研究所 08	730.88	97.35					19.92	2.65			750.80	10.57	3
研究所 15	738.78	71.40					295.96	28.60			1 034.74	6.99	4
研究所 12	1 180.81	100.00									1 180.81	6.79	5
研究所 02	364.40	21.45					1 334.49	78.55			1 698.89	6.39	6
研究所 11	54.17	35.46			2.74	1.80	95.85	62.74			152.76	5.46	7
附属单位 1									565.53	100.00	565.53	4.38	8
研究所 13	91.35	39.61					139.26	60.39			230.61	4.27	9
研究所 04	651.80	90.39					69.29	9.61			721.09	3.84	10
研究所 09	182.88	57.90					132.99	42.10			315.87	3.76	11
研究所 06	252.03	31.88			2.63	0.33	301.65	38.16	234.21	29.63	790.52	3.44	12
研究所 07	239.68	71.91	93.61	28.09							333.29	3.00	13
研究所 05	418.26	57.05					314.91	42.95			733.17	2.93	14
研究所 10	20.60	27.79					15.07	20.33	38.45	51.88	74.12	1.81	15
研究所 03	205.28	35.61					371.13	64.39			576.41	1.70	16
附属单位 2	48.45	4.92					936.63	95.08			985.08	1.01	17

注:表中人均市场竞争性收入按从业人员数计算。

(2)科研竞争水平分析

竞争性科研项目经费是指剔除科研机构改革启动费和基本科研业务费后的科研项目实际到位资金。竞争性科研项目经费是开展科研活动的主要资金来源和保障,在一定程度上反映科研单位的科研竞争水平和科研创新能力。

考虑到研究所 01、附属单位 1、附属单位 2 等单位的职能主要为科研管理服务及辅助,不参与竞争性科研项目经费的比较排序。按照在职在岗人员数计算,全院人均竞争性科研经费 10.45 万元;按照科研人员数计算,全院人均竞争性科研项目经费 19.87 万元,院所科研竞争实力有待整体提高。

14 家单位中研究所 03、研究所 05、研究所 04、研究所 09、研究所 02、研究所 15、研究所 13、研究所 11、研究所 06 在职在岗人员人均竞争性科研项目经费高于全院平均水平;研究所 04、研究所 03、研究所 05、研究所 11、研究所 09、研究所 15、研究所 06 科研人员人均竞争性科研项目经费高于全院平均水平(详见表 5—23)。

表 5—23 **竞争性科研项目经费分析表** 单位:万元

在职在岗人均			科研人员人均		
单位	人均金额	排序	单位	人均金额	排序
合计	10.45		合计	19.87	
研究所 03	22.00	1	研究所 04	28.14	1
研究所 05	20.80	2	研究所 03	28.05	2
研究所 04	20.20	3	研究所 05	26.93	3
研究所 09	15.19	4	研究所 11	25.40	4
研究所 02	15.04	5	研究所 09	23.24	5
研究所 15	12.60	6	研究所 15	20.90	6
研究所 13	12.32	7	研究所 06	20.32	7
研究所 11	11.17	8	研究所 12	17.44	8
研究所 06	11.02	9	研究所 02	17.36	9
研究所 12	10.27	10	研究所 13	16.79	10
研究所 08	9.17	11	研究所 14	16.47	11
研究所 14	8.31	12	研究所 08	12.41	12
研究所 10	1.65	13	研究所 10	3.66	13
研究所 07	0.99	14	研究所 07	1.12	14

注:在职在岗人均是按在职在岗人员数计算;科研人员人均是按科研人员数计算。

4. 发展水平分析

(1)单位收入变化情况

从全院总收入人均水平来看,2019 年人均收入比上年增加 8.74%,其中,人均收入水平较 2018 年呈正增长的有 11 家单位,有 6 家单位呈负增长。增长幅度较大的是研究所 13、研究所 11 和研究所 07。从全院非财政性资金人均收入角度来看,2019 年全院人均非财政性资金较上年增加 17.07%,非财政性资金人均收入较 2018 年呈正增长的有 13 家单位,呈负增长的有 4 家单位,其中排在前三位的是研究所 02、研究所 04 和附属单位 1(详见表 5—24)。

表 5—24 **收入变化分析表** 单位:万元

单位	人均总收入			单位	人均非财政性资金收入		
	金额	比上年增减(%)	排序		金额	比上年增减(%)	排序
合计	21.95	8.74		合计	5.26	17.07	
研究所 13	53.16	62.96	1	研究所 02	6.84	70.21	1
研究所 11	36.44	42.77	2	研究所 04	4.71	68.68	2
研究所 07	37.44	39.80	3	附属单位 1	5.01	66.81	3
研究所 03	41.12	36.66	4	研究所 01	20.66	37.58	4
研究所 10	26.70	33.08	5	研究所 11	9.58	25.70	5
研究所 02	42.82	25.33	6	研究所 15	8.21	5.60	6
研究所 09	38.18	25.24	7	研究所 12	12.16	5.57	7
研究所 14	38.87	19.94	8	研究所 05	3.21	5.35	8
研究所 05	53.84	17.18	9	研究所 13	10.18	4.09	9
研究所 15	22.41	1.16	10	研究所 03	2.25	4.04	10
研究所 04	50.09	0.55	11	研究所 06	4.45	3.61	11
附属单位 2	5.28	−2.74	12	附属单位 2	1.17	3.02	12
研究所 01	58.84	−4.89	13	研究所 10	15.96	0.68	13
研究所 06	23.24	−10.26	14	研究所 07	3.22	−0.65	14
研究所 08	34.96	−10.84	15	研究所 14	13.58	−10.81	15
附属单位 1	10.18	−16.94	16	研究所 08	10.85	−15.60	16
研究所 12	19.49	−20.09	17	研究所 09	4.89	−15.63	17

注:表中人均总收入是全院总收入除以全院总人数计算得出;人均非财政性资金收入是以从业人员数计算得出。

(2)市场竞争能力变化情况

2019 年,热科院人均竞争性收入较上年增加 15.16%,竞争性收入还未形成较为稳定的增长机制,受市场变化影响较大。全院人均竞争性收入较 2018 年呈正增长的有 10 家单位,研究所 02、附属单位 1、研究所 04 和研究所 01 增长高于 40%,其中研究所 02 和附属单位 1 的人均市场竞争收入增长幅度较大。有 7 家单位呈负增长,其中研究所 10、研究所 09 和研究所 08 下降幅度较大(详见表 5—25)。

表 5—25 **人均市场竞争性收入变化分析表** 单位:万元

单位	2018 年人均竞争性收入	2019 年人均竞争性收入	比上年增减(%)	排序
合计	3.38	3.89	15.16	
研究所 02	3.72	6.39	71.61	1
附属单位 1	2.56	4.38	71.57	2
研究所 04	2.49	3.84	53.82	3
研究所 01	7.26	10.87	49.58	4
研究所 13	3.61	4.27	18.30	5
研究所 12	6.05	6.79	12.23	6
研究所 15	6.46	6.99	8.16	7
研究所 05	2.84	2.93	3.32	8
附属单位 2	0.98	1.01	2.40	9
研究所 06	3.43	3.44	0.34	10
研究所 03	1.82	1.70	−6.60	11
研究所 07	3.22	3.00	−6.75	12
研究所 11	6.19	5.46	−11.82	13
研究所 14	14.97	13.20	−11.87	14
研究所 08	12.27	10.57	−13.79	15
研究所 09	4.73	3.76	−20.55	16
研究所 10	2.28	1.81	−20.84	17

注:表中人均市场竞争性收入按从业人员数计算。

(3)科研竞争水平变化情况

人均科研经费是衡量科研单位科研实力和科研水平的一项重要财务指标。为使指标更具实际意义,我们选取科研人员数进行计算分析。

2019 年,全院 14 家科研单位中有 13 家单位科研人员人均竞争性科研经费较 2018 年有所增长,增长幅度较大的有研究所 12(104.62%)、研究所 06(76.97%)、研究所 09(64.84%)、研究所 14(61.1%)。只有研究所 10 的科研人员人均竞争性科研经费较 2018 年有所减少,减少了 44.49%(详见表 5—26)。

表 5—26　　人均竞争性科研经费变化分析表　　单位:万元

单位	科研人员人均竞争性科研经费	人均比上年增减(%)	排序
合计	19.87	48.22	
研究所 12	17.44	104.62	1
研究所 06	20.32	76.97	2
研究所 09	23.24	64.84	3
研究所 14	16.47	61.10	4
研究所 03	28.05	56.00	5
研究所 02	17.36	53.53	6
研究所 15	20.90	44.70	7
研究所 04	28.14	37.29	8
研究所 11	25.40	30.65	9
研究所 05	26.93	26.96	10
研究所 08	12.41	23.29	11
研究所 07	1.12	12.37	12
研究所 13	16.79	6.47	13
研究所 10	3.66	—44.49	14

5. 财政保障程度分析

(1)人员经费财政保障程度

①人员经费财政保障总体情况

2019 年,全院财政性资金收入中人员经费 41 614.43 万元,其中:财政拨款人员经费 39 163.24 万元,占 94.11%;海南省财政等补助拨款 2 451.19 万元,占 5.89%。我们将财政性资金人员经费来源除以实际人员支出作为财政保障率指标,2019 年全院人员支出总计 53 210.07 万元,财政保障率达 78.21%。研究所 07 人员经费财政保障率达到 109.28%,附属单位 2 人员经费财政保障率达到 102.17%,研究所 14 财政保障率全院最低,为 37.42%,其人员经费支出主要依靠非财政性资金(详见表 5—27)。

表 5—27　　人员经费财政保障程度总体情况分析表　　单位:万元

单位	财政性资金收入人员经费	人员经费支出	财政保障率(%)	排名
合计	41 614.43	53 210.07	78.21	
研究所 07	1 404.78	1 285.51	109.28	1
附属单位 2	11 920.22	11 667.08	102.17	2
研究所 06	3 654.09	4 061.13	89.98	3
研究所 03	4 439.15	5 098.29	87.07	4
研究所 09	1 125.18	1 342.20	83.83	5
研究所 04	2 851.47	3 476.52	82.02	6
研究所 02	3 481.05	4 491.35	77.51	7
附属单位 1	1 340.68	1 779.64	75.33	8
研究所 05	2 904.72	4 161.64	69.80	9
研究所 15	1 858.47	2 798.72	66.40	10
研究所 10	579.96	875.94	66.21	11
研究所 11	271.64	447.40	60.71	12
研究所 12	2 153.58	3 762.59	57.24	13
研究所 08	825.89	1 490.14	55.42	14
研究所 13	508.22	989.98	51.34	15
研究所 01	1 500.90	3 359.11	44.68	16
研究所 14	794.43	2 122.83	37.42	17

注:财政性人员经费包括部门预算财政拨款人员经费、海南省财政补助拨款、社保返还抚恤金等,不包括住房改革支出财政拨款。

需要说明的是,由于目前在职人员支出水平没有一个标准的参考值,我们这里分析的财政保障率仅反映财政经费来源与单位实际支出的比例,只能说明在当前实际支出水平下的财政保障程度,不能反映单位真正实际需求的财政保障水平。

②离退休人员经费财政保障程度

近年来,国家陆续出台了相关政策,规范了离退休人员的工资待遇,包括规范了津贴补贴的标准,中央财政也按政策标准对提高的规范津贴补贴标准给予了补助,再加上热科院社保返还的养老金,离退休人员的工资待遇基本上能按政策标准落实，因此，热科院离退休人员经费支出基本上可以由财政性资金来保障。

以下在职人员支出财政保障程度分析也是基于财政性人员经费优先用于满足离退休人员经费支出为前提。

③在编在职人员支出财政保障程度

2019 年，全院财政性人员经费扣除优先安排的离退休人员经费支出外，在编在职人员可用的财政性人员经费 32 550.49 万元，本年在职人员实际支出 40 384.65 万元，财政保障率为 80.6%，说明还有 19.4%的在编在职人员经费需要依靠单位创收来解决。附属单位 2 和研究所 07 在编在职人员经费的财政保障率超过了 100%，说明以目前的工资发放水平，可以全部由财政性经费解决。研究所 12、研究所 13、研究所 01 和研究所 14 在职人员的财政保障率均低于 50%，说明有一半以上的经费需要依靠自有资金来解决，尤其是研究所 14，在职人员的经费近 72.21%需要靠自筹(详见表 5—28)。

表 5—28　　在编在职人员经费财政保障程度分析表　　单位：万元

单位	财政性资金收入人员经费	离退休人员经费支出	在编在职人员可用的财政性人员经费	在编在职人员实际支出	在编在职人员支出财政保障率(%)	排名
合计	41 614.43	9 063.94	32 550.49	40 384.65	80.60	
附属单位 2	11 920.22	4 755.77	7 164.45	4 181.30	171.35	1
研究所 07	1 404.78	103.19	1 301.59	1 178.81	110.42	2
研究所 03	4 439.15	448.14	3 991.01	4 474.29	89.20	3
研究所 06	3 654.09	583.76	3 070.33	3 472.45	88.42	4
研究所 09	1 125.18	233.31	891.87	1 071.90	83.20	5
研究所 02	3 481.05	182.93	3 298.12	4 041.26	81.61	6
研究所 04	2 851.47	96.26	2 755.21	3 380.26	81.51	7
研究所 05	2 904.72	62.73	2 841.99	3 790.87	74.97	8
附属单位 1	1 340.68	388.47	952.21	1 279.74	74.41	9
研究所 15	1 858.47	382.40	1 476.07	2 393.40	61.67	10
研究所 10	579.96	141.38	438.58	734.49	59.71	11
研究所 11	271.64	22.19	249.45	419.24	59.50	12
研究所 08	825.89	61.04	764.85	1 396.56	54.77	13
研究所 12	2 153.58	860.08	1 293.50	2 860.78	45.21	14
研究所 13	508.22	149.48	358.74	825.53	43.46	15
研究所 01	1 500.90	309.49	1 191.41	3 044.26	39.14	16
研究所 14	794.43	283.32	511.11	1 839.51	27.79	17

注：在编在职人员包括在职在岗人员和其他在职人员。

④在职在岗人员绩效工资财政保障程度

我们假定财政性资金中在编在职人员经费优先安排发放基本工资、国家规定的津贴补贴和缴交社保后，剩余部分用于绩效工资的发放。2019 年全院在职在岗人员绩效工资的财政保障率为 59.9%，其余 40.1%的经费需要靠单位创收解决。全院有 7 家单位绩效工资的财政保障程度可以达到 50%以上，有 9 家单位绩效工资财政保障程度在 40%以下，其中研究所 14、研究所 13 和研究所 01 全部需靠自筹资金解决(详见表 5—29)。

表 5—29　　绩效工资财政保障程度分析表　　单位:万元

单位	在职在岗人员绩效工资可用经费	在职在岗人员绩效工资实际支出	绩效工资中财政性经费所占比例(%)	排名
合计	12 278.19	20 497.87	59.90	
附属单位 2	4 284.41	1 301.26	329.25	1
研究所 07	537.30	473.60	113.45	2
研究所 06	1 736.91	1 816.09	95.64	3
研究所 03	1 868.90	2 206.68	84.69	4
研究所 09	305.76	485.32	63.00	5
研究所 05	1 123.90	1 959.61	57.35	6
研究所 02	1 324.62	2 589.48	51.15	7
研究所 04	847.75	1 804.19	46.99	8
研究所 10	146.53	405.91	36.10	9
研究所 11	76.69	246.48	31.11	10
研究所 15	349.97	1 259.35	27.79	11
研究所 08	166.69	741.41	22.48	12
研究所 12	39.97	1 584.93	2.52	13
附属单位 1	4.63	483.53	0.96	14
研究所 01		1 727.78	0.00	15
研究所 13		495.52	0.00	16
研究所 14		916.73	0.00	17

(2)公用经费财政保障程度

2019 年,全院日常公用支出 20 621.28 万元,比上年 19 997.4 万元增加 3.12%。其中财政性经费支出 13 516.78 万元,占日常公用支出总额的 65.55%。全院用于日常运转的财政性资金不足,公用经费财政保障程度整体水平有待提高。

受单位经济实力的影响,日常公用经费支出水平受限于单位收入总体状况。但从另一个角度看,日常公用经费支出水平的高低也反映了一家单位的履职情况。2019 年全院日常公用支出的财政保障率为 65.55%,有 34.45%的经费需要通过其他资金渠道解决。全院有 9 家单位的财政性经费占日常公用支出的比例高于全院平均水平,公用经费财政保障率相对较高,有 8 家单位未达到平均水平(详见表 5—30)。

表 5—30　　日常运转支出情况分析表　　单位:万元

单位	日常运转支出	财政性经费	占比	排名
合计	20 621.28	13 516.78	65.55	
研究所 07	1 004.35	1 004.35	100.00	1
研究所 05	2 007.93	1 953.83	97.31	2
研究所 06	724.59	656.21	90.56	3
研究所 09	531.00	415.52	78.25	4
研究所 08	645.20	497.23	77.07	5
附属单位 1	624.52	477.70	76.49	6
研究所 02	2 963.41	2 169.61	73.21	7
研究所 03	2 695.41	1 958.22	72.65	8
附属单位 2	1 034.84	730.60	70.60	9
研究所 04	1 117.45	718.27	64.28	10
研究所 11	278.09	175.62	63.15	11
研究所 01	3 540.84	1 898.52	53.62	12
研究所 15	546.42	263.74	48.27	13
研究所 13	89.52	37.55	41.95	14
研究所 14	327.06	137.05	41.90	15
研究所 10	541.71	192.04	35.45	16
研究所 12	1 948.94	230.72	11.84	17

6. 总体保障水平分析

目前,对单位财力保障水平仍没有专门的评价体系和评价标准,我们立足于全院平均水平,从总体经济实力、筹资能力、资金支付能力 3 类 14 项指标,进行综合评价。

(1)评价指标

①反映单位总体经济实力的指标

该类指标从人均水平的角度,对单位总收入、财政性资金和非财政性资金进行对比分析,指标水平越高,说明单位的经费越多、经济实力越强,保障水平也就越高。具体包括人均收入、人均财政性资金、人均非财政性资金、人均基本运行经费及人均科研经费 5 项指标。

②反映单位筹资能力的指标

热科院作为具有较强公益性质的农业科研事业单位,争取财政支持是筹措资金、增强财力保障水平的重要途径;同时,随着社会经济的发展,竞争能力逐步成为判断科研院所综合实力强弱的重要标志,热科院只有不断增强自身的竞争能力,才能更好地发挥农业科研事业单位的公益性职能,创造良好的经济效益和社会效益。因此,我们主要从市场竞争能力、科研竞争水平和收入增长速度等方面对筹资能力进行分析。具体分析指标包括人均市场竞争性收入、科研人员人均竞争性科研项目经费、人均总收入增减变动、非财政性资金人均收入增长变动 4 项指标。

③反映单位资金支付能力的指标

院所科技实力的提升是实现全院可持续发展的动力源泉,而可持续发展能力的增强是实现全院科技创新能力提升的重要保障。正常来说,资金支付能力在一定程度上反映单位日常履职和发展的能力水平。从资金使用范围来看,由于项目经费属于有专门用途的专项资金,其支出水平不能超出项目经费额度,因此,在分析单位支付能力时,我们剔除了项目经费的影响,重点对基本支出进行分析。该类指标值越高,说明单位用于事业发展的支出能力越大、资金保障能力越强。具体包括人均基本运行支出、人均人员支出和人均公用支出、在职人员绩效工资是基本工资的倍数及日常公用总支出是财政性公用支出的倍数 5 项指标。

(2)评价方法

为了能更直观地反映评价结果,我们引入了综合计分法。我们假定在拟评价的 14 项指标中,每项指标的全院平均数为基础水平,并确定为 100 分。高于基础水平的,每高出 1%,加计 1 分;低于基础水平的,每低于 1%,减计 1 分。对于有些指标在不同类型单位反映的情况不同,我们通过权重进行权衡计分。最终得分情况自高至低反映单位的财力保障水平。具体计算公式为:

单位财力保障水平评价结果＝ $\sum$[100＋(单位指标值 n－全院平均指标值 n)÷全院平均指标值 n×100]

当指标为百分数时以上计算公式为:

单位财力保障水平评价结果＝$\sum$[100＋(单位指标值 n－全院平均指标值 n)×100

各研究所评价结果见表 5—31—表 5—34。

表 5—31　　　　总体经济实力评价结果

排名	单位	得分小计	人均总收入		人均财政性资金收入		人均非财政性资金收入		人均基本运行经费		人均科研经费	
			指标值	得分	指标值	得分	指标值	得分	指标值	得分	指标值	得分
	全院平均		21.95	100.00	22.04	100.00	5.26	100.00	12.53	100.00	13.99	100.00
1	研究所 01	250.42	58.84	268.07	44.50	201.92	20.66	392.75	39.89	318.38	9.93	70.99
2	研究所 05	198.19	53.84	245.29	65.69	298.05	3.21	60.97	23.65	188.72	27.69	197.91
3	研究所 04	179.81	50.09	228.21	45.97	208.59	4.71	89.56	24.24	193.42	25.08	179.24
4	研究所 13	179.05	53.16	242.18	52.38	237.67	10.18	193.59	12.07	96.31	17.56	125.52
5	研究所 02	175.02	42.82	195.10	45.18	204.99	6.84	130.03	25.67	204.88	19.60	140.10
6	研究所 03	161.14	41.12	187.36	51.05	231.62	2.25	42.82	17.85	142.43	28.18	201.45
7	研究所 14	159.26	38.87	177.08	30.54	138.55	13.58	258.12	15.96	127.34	13.32	95.22
8	研究所 11	155.82	36.44	166.03	31.63	143.51	9.58	182.12	21.60	172.39	16.09	115.04
9	研究所 08	155.70	34.96	159.29	28.04	127.22	10.85	206.36	25.61	204.39	11.37	81.25
10	研究所 09	146.42	38.18	173.93	36.98	167.76	4.89	92.97	13.60	108.53	26.42	188.88
11	研究所 10	135.90	26.70	121.66	19.96	90.55	15.96	303.37	16.11	128.57	4.95	35.37
12	研究所 07	124.98	37.44	170.59	35.14	159.45	3.22	61.21	26.12	208.42	3.53	25.21
13	研究所 12	115.19	19.49	88.77	14.76	66.96	12.16	231.09	11.68	93.25	13.42	95.90
14	研究所 15	110.10	22.41	102.08	19.23	87.26	8.21	156.08	12.32	98.35	14.93	106.75
15	研究所 06	101.78	23.24	105.89	24.39	110.65	4.45	84.61	11.60	92.58	16.12	115.19
16	附属单位 1	65.68	10.18	46.37	8.77	39.81	5.01	95.34	10.18	81.23		0.00
17	附属单位 2	28.77	5.28	24.07	5.86	26.57	1.17	22.26	5.28	42.16		0.00

注:15 家科研所得分＝20%×(人均总收入＋人均非财政性资金收入＋人均财政性资金收入＋人均基本运行经费＋人均科研经费);2 家附属单位得分＝25%×(人均总收入＋人均非财政性资金收入＋人均财政性资金收入＋人均基本运行经费)。

表 5—32　　筹资能力评价结果

排名	单位	得分小计	人均市场竞争性收入		科研人员人均竞争性科研项目经费		人均总收入增长变动		非财政性资金人均收入增长变动	
			指标值	得分	指标值	得分	指标值	得分	指标值	得分
	全院合计		3.89	100.00	19.87	100.00	8.74	100.00	17.07	100
1	研究所 14	164.36	13.20	342.77	16.47	82.89	19.94	111.20	—10.81	72.12
2	研究所 01	157.07	10.87	282.23		0.00	—4.89	86.37	37.58	120.51
3	研究所 08	130.69	10.57	274.67	12.41	62.47	—10.84	80.42	—15.60	67.33
4	研究所 02	129.93	6.39	165.89	17.36	87.37	25.33	116.59	70.21	153.14
5	研究所 11	129.39	5.46	141.71	25.40	127.81	42.77	134.03	25.70	108.63
6	研究所 15	122.23	6.99	181.60	20.90	105.20	1.16	92.42	5.60	88.53
7	研究所 04	121.05	3.84	99.63	28.14	141.60	0.55	91.81	68.68	151.61
8	附属单位 1	112.58	4.38	113.87		0.00	—16.94	74.32	66.81	149.74
9	研究所 12	111.14	6.79	176.27	17.44	87.75	—20.09	71.17	5.57	88.50
10	研究所 13	106.88	4.27	110.92	16.79	84.52	62.96	154.22	4.09	87.02
11	研究所 05	102.85	2.93	76.17	26.93	135.53	17.18	108.44	5.35	88.28
12	研究所 09	101.15	3.76	97.67	23.24	116.95	25.24	116.50	—15.63	67.30
13	研究所 03	98.58	1.70	44.16	28.05	141.17	36.66	127.92	4.04	86.97
14	研究所 06	90.97	3.44	89.27	20.32	102.28	—10.26	81.00	3.61	86.54
15	附属单位 2	68.91	1.01	26.16		0.00	—2.74	88.52	3.02	85.95
16	研究所 07	67.76	3.00	77.99	1.12	5.66	39.80	131.06	—0.65	82.28
17	研究所 10	61.21	1.81	46.96	3.66	18.43	33.08	124.34	0.68	83.61

注：14 家科研所得分＝30％×（人均市场竞争性收入指标得分＋科研人员人均竞争性科研项目经费指标得分）＋20％×（人均总收入增长变动指标得分＋非财政性资金人均收入增长变动指标得分）；2 家附属单位、研究所 01 得分＝30％×人均市场竞争性收入指标得分＋35％×（人均总收入增长变动指标得分＋非财政性资金人均收入增长变动指标得分）。

表 5—33　　资金支付能力评价结果

排名	单位	得分小计	人均基本运行支出		人均人员支出		人均公用支出		在职人员绩效工资是基本工资的倍数		日常公用总支出是财政性公用支出的倍数	
			指标值	得分	指标值	得分	指标值	得分	指标值	得分	指标值	得分
	全院合计		12.70	100.00	8.35	100.00	8.25	100.00	1.47	100.00	1.53	100.00
1	研究所 01	235.03	41.70	328.36	18.98	227.28	28.56	346.12	2.23	151.50	1.87	121.90
2	研究所 12	209.33	14.62	115.15	9.11	109.11	11.96	144.93	1.84	125.34	8.45	552.11
3	研究所 02	153.71	25.36	199.71	13.99	167.57	14.18	171.87	2.06	140.12	1.37	89.27
4	研究所 08	152.53	26.80	210.99	17.13	205.13	9.93	120.32	2.08	141.40	1.30	84.81
5	研究所 10	142.67	16.01	126.09	9.32	111.60	13.54	164.15	1.87	127.14	2.82	184.37
6	研究所 11	140.04	21.60	170.06	12.43	148.84	11.12	134.83	2.10	142.98	1.58	103.49

续表

排名	单位	得分小计	人均基本运行支出		人均人员支出		人均公用支出		在职人员绩效工资是基本工资的倍数		日常公用总支出是财政性公用支出的倍数	
			指标值	得分	指标值	得分	指标值	得分	指标值	得分	指标值	得分
	全院合计		12.70	100.00	8.35	100.00	8.25	100.00	1.47	100.00	1.53	100.00
7	研究所 05	138.56	25.56	201.23	15.70	188.08	10.62	128.78	1.58	107.55	1.03	67.17
8	研究所 04	133.87	24.11	189.87	16.17	193.65	5.94	72.05	1.65	112.08	1.56	101.68
9	研究所 03	126.87	20.26	159.56	12.08	144.69	11.18	135.57	1.54	104.59	1.38	89.96
10	研究所 14	114.33	16.19	127.49	12.06	144.45	3.06	37.05	1.57	106.69	2.39	155.98
11	研究所 13	101.59	11.61	91.45	9.80	117.39	1.99	24.11	1.75	119.21	2.38	155.82
12	研究所 15	100.29	12.13	95.49	9.03	108.12	4.02	48.70	1.67	113.73	2.07	135.41
13	研究所 07	97.04	18.54	145.95	9.18	109.97	9.13	110.67	0.78	53.24	1.00	65.36
14	研究所 09	90.79	13.16	103.63	8.55	102.38	6.81	82.52	1.20	81.90	1.28	83.52
15	研究所 06	86.84	10.96	86.33	8.66	103.70	4.37	52.91	1.75	119.08	1.10	72.17
16	附属单位 1	72.25	10.10	79.55	6.67	79.82	6.37	77.24	0.58	39.20	1.31	85.45
17	附属单位 2	50.14	5.13	40.42	4.28	51.31	2.01	24.31	0.62	42.07	1.42	92.58

注：总得分＝20％×（人均基本运行支出指标得分＋人均人员支出指标得分＋人均公用支出指标得分＋在职人员绩效工资是基本工资的倍数指标得分＋日常公用总支出是财政性公用支出的倍数指标得分）。

表 5—34　　综合评价结果

总排名	单位	总得分	总体收入水平得分	筹资能力得分	资金支付能力得分
1	研究所 01	642.53	250.42	157.07	235.03
2	研究所 02	458.65	175.02	129.93	153.71
3	研究所 05	439.60	198.19	102.85	138.56
4	研究所 08	438.92	155.70	130.69	152.53
5	研究所 14	437.96	159.26	164.36	114.33
6	研究所 12	435.66	115.19	111.14	209.33
7	研究所 04	434.72	179.81	121.05	133.87
8	研究所 11	425.25	155.82	129.39	140.04
9	研究所 13	387.53	179.05	106.88	101.59
10	研究所 03	386.59	161.14	98.58	126.87
11	研究所 10	339.78	135.90	61.21	142.67
12	研究所 09	338.35	146.42	101.15	90.79

续表

总排名	单位	总得分	总体收入水平得分	筹资能力得分	资金支付能力得分
13	研究所 15	332.62	110.10	122.23	100.29
14	研究所 07	289.77	124.98	67.76	97.04
15	研究所 06	279.59	101.78	90.97	86.84
16	附属单位 1	250.52	65.68	112.58	72.25
17	附属单位 2	147.82	28.77	68.91	50.14

二、研究所 01 财力保障水平分析报告(2019)

(一)总体收入情况分析

2019 年,研究所 01 总收入比上年减少了 2.69%,比全院平均增长率低 8.91%;人均总收入 58.84 万元,是全院平均水平的 2.68 倍。

研究所 01 财政性资金占全院的比重为 6.4%,占研究所 01 总收入的比重为 75.21%;人均财政性资金 44.5 万元,是全院平均水平的 2.02 倍,居于全院第 6 位;人均部门预算财政拨款 33.2 万元,是全院平均水平的 1.76 倍,居于全院第 6 位;人均其他财政性拨款 11.3 万元,比全院平均水平高 249.85%,居于全院第 2 位。

研究所 01 非财政性资金占全院的比重为 14.78%,占研究所 01 总收入的比重为 24.79%;人均非财政性资金 20.66 万元,居于全院第 1 位,是全院平均水平的 3.93 倍。

从收入总体情况分析,研究所 01 有如下优势:

一是总收入较大,人均收入排名全院第 1。

二是财政性资金比较充足,全院排名第 6,处于偏上水平。

同时,也存在以下不足,主要体现在自主创收能力不足。2019 年非财政性资金有所增加,人均非财政性资金高于全院平均水平,但总体还是不够。

原因分析:

一是创收渠道不多,资金规模小。

二是大部分资源未能充分利用，限制了自有资金的规模。

三是收入管理水平有待提高。

管理建议：

一是开拓资金来源，增加创收渠道；

二是转变观念，摸清家底，提高资源利用率；

三是强化收入管理，做到收入组织及时有效、应收尽收。

（二）收入结构分析

2019 年，研究所 01 非财政性资金与财政性资金之比为 0.33，比全院平均水平高 135.71%；人均非财政性资金与财政性资金之比为 0.46，比全院平均水平高 91.67%。说明研究所 01 资金结构中，财政性资金来源占了主要部分。

2019 年，研究所 01 基本运行经费占总收入的比重为 67.8%，比全院平均水平高 10.72%；科研项目经费占总收入的比重为 11.82%，比全院平均水平低 13.18%；条件建设经费占总收入的比重为 20.38%，比全院平均水平高 2.46%。按总人数计算，研究所 01 人均基本运行经费 39.89 万元，居于全院第 1 位；按财政补助人员计算，研究所 01 人均财政性基本运行经费 20.62 万元；按在职人员计算，研究所 01 人均条件建设经费 11.98 万元。

从收入结构分析，研究所 01 有如下优势：

基本运行经费充足。人均基本运行经费显著高于全院平均水平，居于全院第 1 位。

同时，也存在以下不足：

资金结构不合理。一方面，基本运行经费和条件建设经费占总收入比较大，科研项目经费占比少；另一方面，各类收入中大部分为财政性资金，对财政拨款依赖程度高。人均非财政性资金与财政性资金之比虽然比全院平均水平高，但自有资金总体不足。

原因分析：

一是科研基础条件及人员配备较弱，在科研项目经费的争取上处于劣势；

二是创收渠道单一，资金调配受限。

管理建议：

一是做好科研及创收等领域的人才引进工作，有针对性地引进符合本研究所发展需要并具备较强综合能力的人才，保障工作创新力量；

二是加强与相关部委及地方政府部门沟通联系，拓宽经费渠道，争取更多项目资金；

三是集思广益，加大资源转化力度，改善收入结构。

（三）支出结构分析

2019年，研究所01人均基本支出41.7万元，比全院平均水平高228.35%。其中，按在职在岗人员计算，人均人员支出24.55万元，比全院平均水平高52.01%；人均日常公用支出28.56万元，比全院平均水平高246.18%。

按在职人员计算，研究所01人均工资20.19万元，比全院平均水平高46.52%。其中：人均基本工资6.26万元，比全院平均水平高11.99%；人均绩效工资13.93万元，是全院平均水平的1.7倍；人均绩效工资是基本工资的2.23倍。研究所01按在职人员计算的人均绩效工资在全院处于较高水平。

2019年，研究所01用于在职人员经费的财政保障率为39.14%，发放绩效工资的资金全部来源于非财政拨款。

按在职人员计算，使用财政性经费安排的日常公用支出人均为15.31万元，比全院平均水平高182.99%；在职人员日常公用总支出是财政性支出的1.87倍，比全院平均水平高34%。

2019年，按在职在岗人员计算，人均公务用车运行费0.37万元，是全院平均水平的3.08倍；人均接待费0.05万元，比上年降低28.57%，是全院平均水平的5倍；人均出国（境）费3.23万元，比上年增加134.06%，比全院平均水平高651.16%；人均会议费0.41万元，是全院平均水平的3.15倍。

从支出结构分析，研究所01有如下优势：

基本支出财政拨款收入平稳，且研究所01人员基数较小、规模稳定，所以人均人员支出及人均日常公用支出较全院高。其中，研究所01承担了院区的多项维修维护工作，其支出增加了日常公用支出的总量，也导致人均日常公用支出较高。

同时，也存在以下不足：

一是研究所 01 在 2019 年的出国(境)费、培训费开支大幅增加;

二是绩效工资的资金全部来源于非财政拨款,财政保障力度不足。

原因分析:

一是由于“农业国际交流与合作”项目当年拨款 507.9 万元,完成项目任务导致出国(境)费与上年比增加较大(属教学科研人员出国);

二是由于加大了人才培训、援外培训及各类业务培训经费的力度以及举办的收费培训班增加导致经费相应增加。

管理建议:继续严格按照各项支出管理规定、“三公”经费管理办法等,严格控制各项支出。

(四)竞争能力分析

2019 年,按从业人员数计算,研究所 01 的人均市场竞争收入为 10.87 万元,是全院平均水平的 2.82 倍,位居全院第 2 名,说明研究所 01 市场竞争能力较强。考虑到研究所 01 的职能主要为科研管理服务与辅助,因而不参与竞争性科研项目经费的比较排序。

(五)发展水平分析

2019 年,从收入变化来看,研究所 01 人均收入比上年降低 4.89%,增长率比全院平均水平低 13.63%,位居全院第 13 位,其中,人均非财政性资金比上年增长了 37.58%,比全院平均水平高 20.51%。从竞争性收入变化来看,从业人员的人均竞争性收入比上年增长了 49.58%,比全院平均水平高 34.42%。

(六)财政保障程度分析

2019 年,研究所 01 人员经费财政保障率为 44.68%,比全院平均水平低 33.53%,排在全院第 16 位;绩效工资全部由自有资金安排;在编在职人员支出财政保障率 39.14%,比全院平均水平低 41.46%,排在全院第 16 位;日常公用支出财政保障率 53.62%,比全院平均水平低 11.93%,排在全院第 12 位。

从财政保障程度分析,研究所 01 日常公用支出财政保障率相对较高,但仍低于全院平均水平,居于全院第 12 位。

同时,也存在以下不足:

人员经费财政保障率较低,人员支出很大程度上依靠自主创收。

原因分析:本年自有资金收入有较大增长,但主要收入来源仍是院属各单位上缴收入,收入来源渠道窄,总量存在明显不足。

管理建议:加强与相关部委及地方政府部门沟通联系,提高项目组织能力,争取更多财政支持。

(七)财力保障水平评价

按设定的指标体系和评价方法计算,研究所 01 财力保障总体水平在全院 17 家单位中居于第 1 位,与上年相同。具体来看,经济实力在全院各单位居第 1 位,与上年相同;筹资能力在全院各单位中居于第 2 位,与上年相同;资金支付能力在全院各单位中居于第 1 位,与上年相同。

研究所 01 财力保障总体水平较高,主要是研究所 01 财政拨款水平较高,承担了全院性的基建和修购项目,经济总量较大,经济实力相对较强,在财力统筹安排上有较大的空间和灵活度,能较好地保障单位基本运行的经费需求,单位的支付能力表现较为突出。

同时,也存在以下不足:

一是研究所 01 资源开发利用率低,收入渠道较为单一,整体创收能力较弱,资金调配受限,收入结构不合理;

二是用于确保运转的基本支出经费比重较大,安排用于基础条件建设和事业发展的经费比重偏低,不利于单位的长期可持续发展。

原因分析:

一是受体制及传统观念影响,对财政拨款依赖度较高,自身创收能力不足。

二是科研基础条件较弱及缺乏相应人才,工作创新力量较弱,不利于争取项目资金,竞争力不足,导致资源转化利用率不高。

管理建议:

一是转变观念,有效整合资源,不断提高资源利用率及创造价值;利用自身优势,创新开发模式,丰富单位创收渠道,不断优化资金结构。

二是加强人才引进力度,有针对性地引进单位需要的综合素质强的人才;积极开辟各种筹资渠道，争取更多项目资金，不断改善科研条件，以增强技术后劲，提高科技成果转化能力。

表 5—35　　研究所 01 财力保障水平指标测评结果　　单位：万元

项　目	上年指标值	当年指标值	当年全院平均	当年全院位次
1. 收入情况				
人均总收入	61.87	58.84	21.95	1
人均财政性资金	51.40	44.50	22.04	6
财政性资金占其总收入的比重(%)	82.6	75.21	87.5	/
财政性资金占全院的比重(%)	7.63	6.4	/	7
人均部门预算财政拨款	43.85	33.2	18.82	6
人均其他财政性拨款	7.55	11.3	3.23	2
人均非财政性资金	15.02	20.66	5.26	1
非财政性资金占其总收入的比重(%)	17.4	24.79	12.5	/
非财政性资金占全院的比重(%)	11.81	14.78	/	1
非财政性资金与财政性资金之比	0.21	0.33	0.14	/
人均非财政性资金与财政性资金之比	0.29	0.46	0.24	/
总收入增长率(%)	41.13	−2.69	6.22	12
基本运行经费占总收入比例(%)	60.39	67.8	57.08	/
科研项目经费占总收入比例(%)	9.27	11.82	25	/
条件建设经费占总收入比例(%)	30.34	20.38	17.92	/
人均基本运行经费	37.36	39.89	12.53	1
人均财政性基本运行经费	25.39	20.62	10.98	5
在职在岗人员人均科研项目经费				
科研人员人均科研项目经费				
在编在职人员人均条件建设经费	19.11	11.98	9.75	8
2. 支出情况				
人均基本运行支出	45.91	41.7	12.7	1
在职在岗人员人均支出	19.88	24.55	16.15	1
离休人员人均支出	88.42	88.86	22.87	/
退休人员人均支出	4.3	4.33	2.89	/

续表

项　目	上年指标值	当年指标值	当年全院平均	当年全院位次
在职人员人均工资	17.13	20.19	13.78	/
在职人员人均基本工资	5.42	6.26	5.59	/
在职人员人均绩效津贴	11.71	13.93	8.2	/
在职人员人均绩效津贴是基本工资的倍数	2.16	2.23	1.47	/
在职在岗人员人均日常公用支出	38.57	28.56	8.25	1
在职人员人均财政性日常公用支出	20.18	15.31	5.41	1
在职人员日常公用总支出是财政性支出的倍数	1.91	1.87	1.53	6
在职在岗人员人均公务用车运行费	0.56	0.37	0.12	/
在职在岗人员人均接待费	0.07	0.05	0.01	/
在职在岗人员人均出国(境)费	1.38	3.23	0.43	/
在职在岗人员人均会议费	0.25	0.41	0.13	/
3.竞争能力				
从业人员人均市场竞争收入	7.26	10.87	3.89	2
在职在岗人均竞争性科研项目经费				
科研人员人均竞争性科研项目经费				
4.发展水平				
人均收入增长率(%)	38.68	−4.89	8.74	13
人均非财政性资金增长率(%)	80.62	37.58	17.07	4
从业人员人均市场竞争收入增长率(%)	92.17	49.58	15.16	4
科研人员人均竞争性科研项目经费增长率(%)				
5.财政保障率				
人员经费财政保障率(%)	49.05	44.68	78.21	16
绩效工资中财政性经费所占的比例(%)	−12.92	0	59.9	15
在编在职人员支出财政保障率(%)	43.08	39.14	80.6	16
日常公用支出财政保障率(%)	52.32	53.62	65.55	12

表 5—36　　研究所 01 财力保障水平评价结果

评价指标		得分	全院位次
总体评价结果		642.53	1
1	经济实力评价结果	250.42	1

续表

评价指标			得分	全院位次
1.1	其中	人均总收入	268.07	2
1.2		人均财政性资金	201.92	6
1.3		人均非财政性资金	392.75	1
1.4		人均基本运行经费	318.38	1
1.5		人均科研经费	70.99	13
2	筹资能力评价结果		157.07	2
2.1	其中	人均市场竞争性收入	282.23	2
2.2		科研人员人均竞争性科研项目经费	/	/
2.3		人均总收入增长变动	86.37	13
2.4		非财政性资金人均收入增长变动	120.51	4
3	资金支付能力评价结果		235.03	1
3.1	其中	人均基本运行支出	328.36	1
3.2		人均人员支出	227.28	1
3.3		人均公用支出	346.12	1
3.4		在职人员绩效工资是基本工资的倍数	151.5	1
3.5		日常公用总支出是财政性公用支出的倍数	121.9	6

三、研究所 02 财力保障水平分析报告(2019)

(一)总体收入情况分析

2019 年,研究所 02 总收入比上年增加了 15.94%,比全院平均增长率高 9.72%;人均总收入 42.82 万元,是全院平均水平的 1.95 倍。

研究所 02 财政性资金占全院的比重为 9.75%,占研究所 02 总收入的比重为 86.77%;人均财政性资金 45.18 万元,是全院平均水平的 2.05 倍,居于全院第 5 位;人均部门预算财政拨款 39.40 万元,是全院平均水平的 2.09 倍,居于全院第 4 位;人均其他财政性拨款 5.78 万元,比全院平均水平高 79.16%,居于全院第 6 位。

研究所02非财政性资金占全院的比重为10.41%，占研究所02总收入的比重为13.23%；人均非财政性资金6.84万元，居于全院第9位，是全院平均水平的1.30倍。

从收入总体情况分析，研究所02有如下优势：

人均总收入在全院各单位中处于中上水平（全院排名第5），总体经济实力较好。

同时，也存在以下不足：

财政性资金占比总体收入比重较大，人均非财政性资金在全院各单位中处于中下水平，居于全院第9位。

原因分析：研究所多渠道筹资能力相对较低。

管理建议：

一是挖掘单位资源，继续拓宽各项资金来源，多渠道增加资金涌入量。

二是优化创收品种结构，创新成果转化产品，增强市场竞争能力。

（二）收入结构分析

2019年，研究所02非财政性资金与财政性资金之比为0.15，比全院平均水平高6.82%；人均非财政性资金与财政性资金之比为0.15，比全院平均水平低36.54%。说明研究所02资金结构中，财政性资金来源占据主要部分。

2019年，研究所02基本运行经费占总收入的比重为59.94%，比全院平均水平高2.86%；科研项目经费占总收入的比重为29.80%，比全院平均水平高4.80%；条件建设经费占总收入的比重为10.26%，比全院平均水平低7.66%。按总人数计算，研究所02人均基本运行经费25.67万元；按科研人员数计算，人均科研项目经费22.63万元；按财政补助人员计算，研究所02人均财政性基本运行经费24.12万元；按在职人员计算，研究所02人均科研项目经费19.60万元，人均条件建设经费6.75万元。

从收入结构分析，研究所02有如下优势：

科研项目经费人均数居于全院中上水平，承担的科研任务较多，争取科研经费的能力较好。

同时，也存在以下不足：

一是科研经费占比略低。

二是人均条件建设经费低于全院平均水平。

原因分析：

一是科研项目获批率稍低。

二是获取条件建设项目的能力较弱。

管理建议：拓宽科研经费来源渠道，争取更加全面和均衡的经费。

（三）支出结构分析

2019 年，研究所 02 人均基本支出 25.36 万元，比全院平均水平高 99.69%。其中，按在职在岗人员计算，人均人员支出 19.34 万元，比全院平均水平高 19.75%；人均日常公用支出 14.18 万元，比全院平均水平高 71.88%。

按在职人员计算，研究所 02 人均工资 18.40 万元，比全院平均水平高 33.53%。其中：人均基本工资 6.02 万元，比全院平均水平高 7.69%；人均绩效工资 12.39 万元，是全院平均水平的 1.51 倍；人均绩效工资是基本工资的 2.06 倍。研究所 02 按在职人员计算的人均绩效工资在全院处于中等偏上水平。

2019 年，研究所 02 用于在职人员经费的财政保障率为 81.61%，发放绩效工资的资金有 51.15%来源于财政拨款。

按在职人员计算，使用财政性经费安排的日常公用支出人均为 10.38 万元，比全院平均水平高 91.87%；在职人员日常公用总支出是财政性支出的 1.37 倍，比全院平均水平低 0.16 倍。

2019 年，研究所 02 的"三公"经费及会议费等项目支出比上年大幅降低，按在职在岗人员计算，人均公务用车运行费 0.09 万元，是全院平均水平的 0.75 倍；人均接待费 0.01 万元，比上年降低 26.72%，与全院平均水平持平；人均出国(境)费 0.35 万元，比上年下降 26.63%，比全院平均水平低 18.60%；人均会议费 0.22 万元，是全院平均水平的 1.69 倍。

从支出结构分析，研究所 02 有如下优势：

一是在职人员绩效处于全院中等偏上水平；

二是该所继续严格落实中央八项规定，厉行节约、反对浪费，公务用车与公务接待都保持较低水平。

三是该所积极响应国家一带一路倡议，大大加强了国际交流与合作。

（四）竞争能力分析

2019 年，按从业人员数计算，研究所 02 的人均市场竞争收入 6.39 万元，是全院平均水平的 1.64 倍，位居全院第 6 位，说明研究所 02 市场竞争能力较强。按在职人员数计算，人均竞争性科研项目经费 15.04 万元，是全院平均水平的 143.92%，位居全院第 5 位；按科研人员数计算，人均竞争性科研项目经费 17.36 万元，是全院平均水平的 87.37%，位居全院第 9 位。研究所 02 的市场竞争水平在全院处于中上水平，但作为非营利所，其科研项目经费的竞争能力相对不足。

从竞争能力分析，研究所 02 有如下优势：

人均竞争性科研项目经费在全院排名属于中上水平。

同时，也存在以下不足：

一是人均市场竞争收入较低，竞争力不足。

二是财政项目和横向项目等科研项目数量不足。

原因分析：学科带头人数量是科研经费收入的主要来源，但人数过少。另外，科研人员中高级科研人员所占比例相对较少，新进科研人员橡胶知识相对处于前沿位置，但刚接触橡胶树领域，需要有一个熟悉和打基础的阶段，今后才会有所突破。

管理建议：

一是提升科研实力，进一步加强科研项目申报的组织和管理，强化科研管理，充分发挥人才优势，拓宽科研经费来源渠道。

二是引进高层次人才、团队带头人，打造科研实力较强的科研团队，加强科研人员的团队建设。

（五）发展水平分析

2019 年，从收入变化来看，研究所 02 人均收入比上年增长 25.33%，比全院平均水平高 16.59%，位居全院第 6 位，其中，人均非财政性资金比上年增长

70.21%，比全院平均水平高53.14%。从竞争性收入变化来看，从业人员的人均竞争性收入比上年增长71.61%，比全院平均水平高56.45%，科研人员人均竞争性科研项目经费比上年增加53.53%，比全院平均水平高了5.31%。

从发展水平分析，研究所02有如下优势：

该所人均非财政性资金水平较高。

同时，也存在以下不足：

各项人均收入指标稍高于全院平均水平，说明该所的发展进度虽逐步紧跟全院发展水平，但仍存在一定进步发展空间。

管理建议：

一是进一步加强科技成果转化，提高市场占有率，多渠道开拓资金来源。

二是发挥人才优势，鼓励科技人员积极参与竞争性科研项目的申报，提升科研竞争能力，带动竞争性收入增长。

（六）财政保障程度分析

2019年，研究所02人员经费财政保障率为77.51%，比全院平均水平低0.7%，排在全院第7位；绩效工资中财政性经费所占的比例为51.15%，比全院平均水平低8.75%，排在全院第7位；在编在职人员支出财政保障率为81.61%，比全院平均水平高1.01%，排在全院第6位；日常公用支出财政保障率为73.21%，比全院平均水平高7.66%，排在全院第7位。

从财政保障程度分析，研究所02有如下优势：

人员经费、日常公用经费的财政保障率相对充足，位于全院中上水平，能够保障公用开支的正常运转。

同时，也存在以下不足：

人员经费的财政保障率还有待提高。

原因分析：随着研究领域的拓展和深入，对人才的需求也不断增加，研究所02近年来不断引进优秀人才，同时增加了院相关单位安置人员，人员增加的幅度远高于人员经费财政保障的增长幅度。

管理建议：积极争取增加部门预算财政性资金保障水平，加大对人员经费财政补助的争取力度。

（七）财力保障水平评价

按设定的指标体系和评价方法计算，研究所02财力保障总体水平在全院17家单位中居于第2位，比上年上升了5位。具体来看，经济实力在全院各单位居第5位，比上年上升了1位；筹资能力在全院各单位中居于第4位，比上年上升了9位；资金支付能力在全院各单位中居于第3位，比上年上升了1位。

研究所02财力保障总体水平较高，主要得益于研究所02财政拨款水平较高，加上单位自身创收能力相对较强，经济总量较大，经济实力相对较强；由于经济创收能力较强，单位在财力统筹安排上有较大的空间和灵活度，因此能较好地保障单位基本运行的经费需求，单位的支付能力表现较为突出。

但通过总体分析，也存在如下问题：

一是筹资能力一般，主要表现为科研经费人均水平较低；

二是用于确保运转的基本支出经费比重较大，安排用于基础条件建设和事业发展的经费比重偏低，不利于单位的长期可持续发展。

存在问题的原因分析：

一是科研项目获批率稍低，导致科研经费人均水平偏低；

二是该所多渠道筹资能力相对较低，导致创收收入逐年减少。

管理建议：

一是强化科研管理，拓展科研经费来源渠道，探索和挖掘单位资源优势，进一步提升获取科研项目的能力。

二是加强开发创收，增强经济实力。继续实行开源节流政策，拓展开发创收渠道，推行科研创新引领单位经济发展，提高创收能力，充分盘活现有资产，提高资金利用效率。

三是加强财务管理，统筹资金安排。

表5—37　　研究所02财力保障水平指标测评结果　　单位：万元

项　目	上年指标值	当年指标值	当年全院平均	当年全院位次
1.收入情况				
人均总收入	34.17	42.82	21.95	5
人均财政性资金	40.62	45.18	22.04	5

续表

项　目	上年指标值	当年指标值	当年全院平均	当年全院位次
财政性资金占其总收入的比重(%)	90.10	86.77	87.50	9
财政性资金占全院的比重(%)	9.22	9.75	/	4
人均部门预算财政拨款	37.56	39.40	18.82	4
人均其他财政性拨款	3.06	5.78	3.23	6
人均非财政性资金	4.02	6.84	5.26	9
非财政性资金占其总收入的比重(%)	9.9	13.23	12.50	9
非财政性资金占全院的比重(%)	7.44	10.41	/	3
非财政性资金与财政性资金之比	0.11	0.15	0.14	9
人均非财政性资金与财政性资金之比	0.1	0.15	0.24	13
总收入增长率(%)	−1.38	15.94	6.22	11
基本运行经费占总收入比例(%)	62.63	59.94	57.08	8
科研项目经费占总收入比例(%)	23.65	29.80	25.00	6
条件建设经费占总收入比例(%)	14.13	10.26	17.92	12
人均基本运行经费	21.26	25.67	12.53	3
人均财政性基本运行经费	24.55	24.12	10.98	3
在职在岗人员人均科研项目经费	13.48	19.6	19.14	5
科研人员人均科研项目经费	15.75	22.63	27.4	11
在编在职人员人均条件建设经费	8.05	6.75	9.75	11
2.支出情况				
人均基本运行支出	22.5	25.36	12.7	4
在职在岗人员人均支出	18.62	19.34	16.15	5
离休人员人均支出	/	/	22.87	/
退休人员人均支出	3.69	3.33	2.89	6

续表

项　目	上年指标值	当年指标值	当年全院平均	当年全院位次
在职人员人均工资	16.14	18.40	13.78	2
在职人员人均基本工资	5.54	6.02	5.59	6
在职人员人均绩效津贴	10.6	12.39	8.20	2
在职人员人均绩效津贴是基本工资的倍数	1.9	2.06	1.47	4
在职在岗人员人均日常公用支出	11.42	14.18	8.25	2
在职人员人均财政性日常公用支出	10.02	10.38	5.41	2
在职人员日常公用总支出是财政性支出的倍数	1.14	1.37	1.53	11
在职在岗人员人均公务用车运行费	0.09	0.09	0.12	12
在职在岗人员人均接待费	0.01	0.01	0.01	8
在职在岗人员人均出国(境)费	0.48	0.35	0.43	7
在职在岗人员人均会议费	0.23	0.22	0.13	5
3.竞争能力				
从业人员人均市场竞争收入	4.74	6.39	3.89	6
在职在岗人均竞争性科研项目经费	11.53	15.04	10.45	5
科研人员人均竞争性科研项目经费	13.93	17.36	19.87	9
4.发展水平				
人均收入增长率(%)	−0.53	25.33	8.74	6
人均非财政性资金增长率(%)	−17.38	70.21	17.07	1
从业人员人均市场竞争收入增长率(%)	−21.47	71.61	15.16	1
科研人员人均竞争性科研项目经费增长率(%)	−18.85	53.53	48.22	6
5.财政保障率				
人员经费财政保障率(%)	77.47	77.51	78.21	7
绩效工资中财政性经费所占的比例(%)	77.47	51.15	59.90	7

续表

项　目	上年指标值	当年指标值	当年全院平均	当年全院位次
在编在职人员支出财政保障率(%)	84.71	81.61	80.60	6
日常公用支出财政保障率(%)	87.72	73.21	65.55	7

表 5—38　　研究所 02 财力保障水平评价结果

评价指标			得分	全院位次
总体评价结果			458.65	2
1	经济实力评价结果		175.02	5
1.1	其中	人均总收入	195.10	5
1.2		人均财政性资金	204.99	5
1.3		人均非财政性资金	130.03	9
1.4		人均基本运行经费	204.88	3
1.5		人均科研经费	140.10	5
2	筹资能力评价结果		129.93	4
2.1	其中	人均市场竞争性收入	165.89	6
2.2		科研人员人均竞争性科研项目经费	87.37	9
2.3		人均总收入增长变动	116.59	6
2.4		非财政性资金人均收入增长变动	153.14	1
3	资金支付能力评价结果		153.71	3
3.1	其中	人均基本运行支出	199.71	4
3.2		人均人员支出	167.57	5
3.3		人均公用支出	171.87	2
3.4		在职人员绩效工资是基本工资的倍数	140.12	4
3.5		日常公用总支出是财政性公用支出的倍数	89.27	11

四、研究所 03 财力保障水平分析报告(2019)

(一)总体收入情况分析

2019 年,研究所 03 总收入 17 354.64 万元,比上年增长了 16.51%,比全院平均增长率高 10.29%;人均总收入 41.12 万元,是全院平均水平的 1.87 倍。

研究所03财政性资金占全院的比重为13.56%，占研究所03总收入的比重为95.60%；人均财政性资金51.05万元，是全院平均水平的2.32倍，居于全院第3位；人均部门预算财政拨款43.00万元，是全院平均水平的2.28倍，居于全院第3位；人均其他财政性拨款8.05万元，比全院平均水平高149.23%，居于全院第4位。

研究所03非财政性资金占全院的比重为4.37%，占研究所03总收入的比重为4.40%；人均非财政性资金2.25万元，居于全院第16位，是全院平均水平的0.43倍。

从收入总体情况分析，研究所03有如下优势：

一是资金总量较大，居全院第1位，近年总收入水平呈上升趋势，人均总收入高于全院平均水平，全院位次较去年持平；

二是财政资金占总收入的比重大，人均财政资金高于全院平均水平。

同时，也存在以下不足：

一是非财政资金总收入有略微减少，占全院比重较上年也有下降，人均非财政资金依然低于全院平均水平，居于全院后列。

二是非财政资金总量和人均均不足，对财政资金依赖性大，对自有资金的调控和自主安排事项的能力较为欠缺。

原因分析：

一是在非财政资金总量减少的情况下，非财政补助人数基本没有变化。

二是受市场变化影响大，对市场的开发和扩展不足，同时缺少相应投入，科研成果转换率较低。

管理建议：

一是提高工作效率，控制非财政补助人数。

二是继续开拓资金来源，特别是非财政性资金的渠道，争取多渠道创收，形成较为稳定的竞争性收入增长机制，降低对财政资金的依赖度，增强综合实力。

（二）收入结构分析

2019年，研究所03非财政性资金与财政性资金之比为0.05，比全院平均水平低67.77%；人均非财政性资金与财政性资金之比为0.04，比全院平均水平低

83.33%。说明研究所03资金结构中，财政性资金来源占了主要部分。

2019年，研究所03基本运行经费占总收入的比重为43.40%，比全院平均水平低23.97%；科研项目经费占总收入的比重为39.14%，比全院平均水平高56.56%；条件建设经费占总收入的比重为17.47%，比全院平均水平低2.53%。按总人数计算，研究所03人均基本运行经费为17.85万元，居于全院第8位；按科研人员数计算，人均科研项目经费为35.94万元；按财政补助人员计算，研究所03人均财政性基本运行经费为20.91万元；按在职人员计算，研究所03人均科研项目经费为28.18万元，人均条件建设经费为12.52万元。

从收入结构分析，研究所03有如下优势：

一是部门预算财政拨款与其他财政性拨款总量及人均数都居于全院中上水平；

二是科研项目经费总量及人均数都居于全院中上水平，承担的科研任务较多，争取科研经费的能力较强，使研究所03能更好地履行科研职责，提升自身科研和发展水平；

三是虽然人均基本运行经费居于全院中等偏下水平，但人均财政性基本运行经费在院各单位中处于偏上水平，基本支出财政拨款保障水平较高，基本支出主要依赖财政支持。

同时，也存在不足，主要是非财政资金与财政资金比例悬殊，对财政资金依赖性大，争取其他中央部门和地方财政资金的能力和水平不足，对自有资金的调控和自主安排事项的能力不足。

原因分析：研究所03受市场变化影响大，对市场的开发和扩展不足，同时缺少相应投入，科研成果转换率较低。

管理建议：继续开拓资金来源，特别是非财政性资金的渠道，形成较为稳定的竞争性收入增长机制。同时聚焦研究方向，强化科研力量，提高争取其他中央部门和地方财政资金项目的能力。

（三）支出结构分析

2019年，研究所03人均基本支出为20.26万元，比全院平均水平高59.54%，处于中等位置。其中，按在职在岗人员计算，人均人员支出为18.56万元，比全院平均水平高 14.94%；人均日常公用支出为 11.18 万元，比全院平均水平高 35.59%。

按在职人员计算，研究所 03 人均工资为 15.11 万元，比全院平均水平高 9.63%，居于全院第 9 位。其中：人均基本工资 5.96 万元，比全院平均水平高 6.63%，居于全院第 7 位；人均绩效工资 9.16 万元，比全院平均水平高 11.67%，居于全院第 12 位；人均绩效工资是基本工资的 1.54 倍。研究所 03 按在职人员计算的人均绩效工资在全院处于中等偏下水平。

2019 年，研究所 03 用于在职人员经费的财政保障率为 89.20%，发放绩效工资的资金有 84.69%来源于财政拨款。

按在职人员计算，使用财政性经费安排的日常公用支出人均为 8.13 万元，比全院平均水平高 50.28%；在职人员日常公用总支出是财政性支出的 1.38 倍，比全院平均水平低 9.78%。

2019 年，研究所 03 的“三公”经费及会议费等项目支出中的公务用车运行维护费支出与上年基本持平，公务接待费较上年大幅降低，因公出国(境)费和会议费支出较上年大幅上升，按在职在岗人员计算，人均公务用车运行费为 0.12 万元，与上年持平；人均接待费为 0.01 万元，处于全院平均水平；人均出国(境)费为 0.58 万元，是全院平均水平的 1.35 倍；人均会议费为 0.37 万元，比上年上升 146.67%，是全院平均水平的 2.71 倍。

从支出结构分析，研究所 03 有如下优势：

一是基本运行支出中用于人员支出的比例较大，人均工资逐年增加。

二是日常支出财政拨款保障水平较高。

同时也存在不足：主要是用于发放绩效津贴的财政性资金占发放额度的比重不高，用于在职人员经费的财政保障率偏低，研究所 03 获取非财政性资金的压力增大。

原因分析：财政拨款的人员经费较为紧张，需要自有资金弥补，但研究所 03 市场创收能力较弱，使得在职人员经费的财政保障率偏低，研究所 03 获取非财政性资金的压力增大。

管理建议：继续开拓资金来源，特别是非财政性资金的渠道，形成较为稳定的竞争性收入增长机制。在保障单位正常运转的前提下，厉行节约，反对浪费，缩减行政事务开支，转为对科研项目的支持。

（四）竞争能力分析

2019 年，按从业人员数计算，研究所 03 的人均市场竞争收入为 1.70 万元，较上年下降 6.60%，是全院平均水平的 0.44 倍，位居全院第 16 名，说明研究所 03 市场竞争能力在全院处于中等偏下水平。按科研人员数计算，人均竞争性科研项目经费为 28.05 万元，是全院平均水平的 141.16%，位居全院第 2 位。研究所 03 的科研项目经费的竞争能力在全院排在中等偏上水平，但作为非营利所，其市场竞争水平相对不足。

从竞争能力分析，研究所 03 的优势主要是人均竞争性科研项目经费高于全院平均水平，争取科研经费的能力较强。

同时，人均市场竞争收入低于全院平均水平，在院各单位中排名靠后，市场竞争能力较弱。

原因分析：研究所 03 市场竞争收入来源不全面不均衡，主要来源于试制品收入，占总市场竞争收入的 64.39%，受市场变化影响大，技术收入占比小。

管理建议：继续开拓资金来源，特别是非财政性资金的渠道，形成较为稳定的竞争性收入增长机制。

（五）发展水平分析

2019 年，从收入变化来看，研究所 03 人均收入比上年增加 36.66%，增长率比全院平均水平高 27.92%，位居全院第 4 位，其中，人均非财政性资金比上年增加 4.04%，比全院平均水平低 13.03%。从竞争性收入变化来看，从业人员的人均竞争性收入比上年降低 6.60%，比全院平均水平低 21.76%；科研人员人均竞争性科研项目经费比上年增加 56.00%，比全院平均水平高 7.78%。

从发展水平分析，2019 年研究所 03 人均总收入较上年有所增加，在院里排名在中等水平；人均市场竞争收入较上年略有下降，低于人均市场竞争收入大部分都在增长的其他院属单位，与院平均水平差距超过 40%；科研人员人均竞争性科研项目经费较上年有所增加，在院里排名靠前。

原因分析：在竞争性科研项目经费总量有明显增加的情况下，人员变动较小，人均水平有所上升。市场竞争性收入未形成较为稳定的增长机制。

管理建议：发挥人才优势，争取更多的科研项目经费，加强非财政资金获取能力，提高市场竞争力。

（六）财政保障程度分析

2019 年，研究所 03 人员经费财政保障率为 87.07%，比全院平均水平高 8.86%，排在全院第 4 位；绩效工资中财政性经费所占的比例为 84.69%，比全院平均水平高 24.79%，排在全院第 4 位；在编在职人员支出财政保障率为 89.20%，比全院平均水平高 8.60%，排在全院第 3 位；日常公用支出财政保障率为 72.65%，比全院平均水平高 7.10%，排在全院第 8 位。

从财政保障程度分析，研究所 03 的优势是由财政资金保障的人员经费基本能满足所内需求。

同时，不足之处是日常公用支出经费财政保障率偏低，财政性日常公用支出经费较紧张，需要非财政资金弥补的空间大。

原因分析：研究所 03 财政拨款的日常运转经费略为紧张，需要自有资金弥补的空间大，但研究所 03 市场创收能力较弱，使得日常公用支出经费财政保障率偏低，研究所 03 获取非财政资金的压力增大。

管理建议：开拓资金来源，特别是非财政资金的来源渠道，进一步加强科技成果转换。

（七）财力保障水平评价

按设定的指标体系和评价方法计算，研究所 03 财力保障总体水平在全院 17 家单位中居于第 10 位，比 2018 年上升了 3 位，比 2017 年上升了 2 位。具体来看，经济实力在全院各单位居第 6 位，比上年上升了 4 位；筹资能力在全院各单位中居于第 13 位，比上年下降了 1 位；资金支付能力在全院各单位中居于第 9 位，比上年上升了 2 位。

研究所 03 财力保障总体水平在 17 家院属单位中处于中等偏下水平，虽然财政拨款水平较高，经济总量较大，但人均市场竞争收入增长幅度小，并未形成较稳定的竞争性收入增长机制，单位在财力统筹安排上的空间和灵活度仍难以保证持续性，因此只能较好地保障单位基本运行的经费需求。

通过总体分析，研究所 03 也存在如下问题：

一是筹资能力中等偏下，主要表现为人均市场竞争性收入水平较低，在全院排名靠后，并且呈现持续下降趋势；非财政性资金收入总量及人均水平均呈现下降趋势。

二是用于确保运转的基本支出经费比重较大，安排用于基础条件建设和事业发展的经费比重偏低，不利于单位的长期可持续发展。

存在问题的原因之一是创收收入增幅平缓，具体表现为：

其一，基地欠缺科技化、规范化管理，生产效率不高，一些品种供应能力不高；

其二，欠缺对各个品种的需求调研和必要宣传，基本为被动式的开发，主动推广和公关能力不足；

其三，市场竞争收入来源不全面、不均衡，主要来源于试制品收入，占总市场竞争收入的 60%以上，受市场变化影响大，技术收入占比小，未形成较稳定的竞争性收入增长机制。

管理建议：

其一，强化科研管理，充分发挥人才优势，拓宽科研经费来源渠道，争取更加全面和均衡的经费；

其二，加强开发创收，增强经济实力，为单位更好运转提供经费保障；

其三，加强财务管理，统筹资金安排，提高资金使用的合理性，提高资金使用绩效；

其四，优化收支结构，在保障人员经费等刚性需求和重点工作任务的落实前提下，严格控制和压缩一般性支出，降低运行成本。

表 5—39　　研究所 03 财力保障水平指标测评结果　　单位：万元

项　目	上年指标值	当年指标值	当年全院平均	当年全院位次
1. 收入情况				
人均总收入	30.09	41.12	21.95	6
人均财政性资金	42.64	51.05	22.04	3

续表

项　目	上年指标值	当年指标值	当年全院平均	当年全院位次
财政性资金占其总收入的比重(%)	93.90	95.60	87.50	1
财政性资金占全院的比重(%)	12.07	13.56	/	1
人均部门预算财政拨款	36.29	43.00	18.82	3
人均其他财政性拨款	6.35	8.05	3.23	4
人均非财政性资金	2.16	2.25	5.26	16
非财政性资金占其总收入的比重(%)	6.10	4.40	12.50	17
非财政性资金占全院的比重(%)	5.77	4.37	/	11
非财政性资金与财政性资金之比	0.07	0.05	0.14	17
人均非财政性资金与财政性资金之比	0.05	0.04	0.24	17
总收入增长率(%)	19.53	16.51	6.22	6
基本运行经费占总收入比例(%)	49.07	43.40	57.08	14
科研项目经费占总收入比例(%)	33.54	39.14	25.00	2
条件建设经费占总收入比例(%)	17.39	17.47	17.92	9
人均基本运行经费	14.77	17.85	12.53	8
人均财政性基本运行经费	19.47	20.91	10.98	4
在职在岗人员人均科研项目经费	19.75	28.18	19.14	1
科研人员人均科研项目经费	25.89	35.94	27.40	3
在编在职人员人均条件建设经费	10.24	12.52	9.75	7
2. 支出情况				
人均基本运行支出	16.21	20.26	12.70	7
在职在岗人员人均支出	16.81	18.56	16.15	6
离休人员人均支出	/	/	22.87	/
退休人员人均支出	5.46	5.40	2.89	1

续表

项　目	上年指标值	当年指标值	当年全院平均	当年全院位次
在职人员人均工资	14.79	15.11	13.78	9
在职人员人均基本工资	5.37	5.96	5.59	7
在职人员人均绩效津贴	9.42	9.16	8.20	12
在职人员人均绩效津贴是基本工资的倍数	1.75	1.54	1.47	13
在职在岗人员人均日常公用支出	6.97	11.18	8.25	5
在职人员人均财政性日常公用支出	6.53	8.13	5.41	5
在职人员日常公用总支出是财政性支出的倍数	1.07	1.38	1.53	8
在职在岗人员人均公务用车运行费	0.12	0.12	0.12	11
在职在岗人员人均接待费	0.02	0.01	0.01	10
在职在岗人员人均出国(境)费	0.44	0.58	0.43	5
在职在岗人员人均会议费	0.15	0.37	0.13	2
3.竞争能力				
从业人员人均市场竞争收入	1.82	1.70	3.89	16
在职在岗人均竞争性科研项目经费	13.72	22	10.45	1
科研人员人均竞争性科研项目经费	17.98	28.05	19.87	2
4.发展水平				
人均收入增长率(%)	18.81	36.66	8.74	4
人均非财政性资金增长率(%)	−9.84	4.04	17.07	10
从业人员人均市场竞争收入增长率(%)	−19.28	−6.60	15.16	11
科研人员人均竞争性科研项目经费增长率(%)	39.50	56.00	48.22	5
5.财政保障率				
人员经费财政保障率(%)	72.34	87.07	78.21	4
绩效工资中财政性经费所占的比例(%)	68.63	84.69	59.90	4

续表

项　目	上年指标值	当年指标值	当年全院平均	当年全院位次
在编在职人员支出财政保障率(%)	81.03	89.20	80.60	3
日常公用支出财政保障率(%)	93.80	72.65	65.55	8

表 5—40　　研究所 03 财力保障水平评价结果

评价指标			得分	全院位次
总体评价结果			386.59	10
1	经济实力评价结果		161.14	6
1.1	其中	人均总收入	187.36	6
1.2		人均财政性资金	231.62	3
1.3		人均非财政性资金	42.82	16
1.4		人均基本运行经费	142.43	8
1.5		人均科研经费	201.45	1
2	筹资能力评价结果		98.58	13
2.1	其中	人均市场竞争性收入	44.16	16
2.2		科研人员人均竞争性科研项目经费	141.17	2
2.3		人均总收入增长变动	127.92	4
2.4		非财政性资金人均收入增长变动	86.97	10
3	资金支付能力评价结果		126.87	9
3.1	其中	人均基本运行支出	159.56	7
3.2		人均人员支出	144.69	7
3.3		人均公用支出	135.57	5
3.4		在职人员绩效工资是基本工资的倍数	104.59	13
3.5		日常公用总支出是财政性公用支出的倍数	89.96	10

五、研究所 04 财力保障水平分析报告(2019)

(一)总体收入情况分析

2019 年,研究所 04 总收入比上年减少了 1.49%,比全院平均增长率低 4.73%;人均总收入为 50.09 万元,是全院平均水平的 2.29 倍。

研究所 04 财政性资金占全院的比重为 8.08%，占研究所 04 总收入的比重为 91.78%；人均财政性资金为 45.97 万元，是全院平均水平的 2.08 倍，居于全院第 4 位；人均部门预算财政拨款为 34.93 万元，是全院平均水平的 1.86 倍，居于全院第 5 位；人均其他财政性拨款为 11.04 万元，是全院平均水平的 3.42 倍，居于全院第 3 位。

研究所 04 非财政性资金占全院的比重为 5.07%，占研究所 04 总收入的比重为 8.22%；人均非财政性资金 4.71 万元，居于全院第 12 位，是全院平均水平的 0.9 倍。

从收入总体情况分析，研究所 04 有如下优势：

一是财政性资金收入占比例较大，非财政性资金收入占比例较小，项目经费和人员经费比例比较接近；

二是项目经费中，科研项目经费占比例较大。

同时，也存在以下不足：

一是单位自主创收能力较差，资金来源主要靠财政供养；

二是财政拨款中，项目拨款经费较大，人员经费不足，社保资金缴费不足；

三是基本支出财政拨款中，人均经费拨款较大，公用经费拨款不足。

原因分析：该单位为非营利性科研农业单位，农业又属于国家基础的第一产业，是国家的基石，市场能力受限较多，农业科研产品或多或少需要政府补贴，单位的创收能力存在先天性不足；单位资金来源主要靠主管部门的财政拨款，非营利科研机构财政经费预算差异较大，主要表现是公用经费和人员经费均存在较大差异。

管理建议：同类型单位尽量缩小人员经费和公用经费人均值的差异。

（二）收入结构分析

2019 年，研究所 04 非财政性资金与财政性资金之比为 1∶11.16，比全院平均水平低 36%；人均非财政性资金与财政性资金之比为 1∶9.75，比全院平均水平低 57.3%。说明研究所 04 资金结构中，财政性资金来源占了主要部分。

2019 年，研究所 04 基本运行经费占总收入的比重为 48.38%，比全院平均水平低 8.7%；科研项目经费占总收入的比重为 43.77%，比全院平均水平高

18.77%；条件建设经费占总收入的比重为 7.85%，比全院平均水平低 10.07%。按总人数计算，研究所 04 人均基本运行经费为 24.24 万元，居于全院第 5 位；按科研人员数计算，人均科研项目经费为 34.92 万元；按财政补助人员计算，研究所 04 人均财政性基本运行经费为 19.80 万元；按在职人员计算，研究所 04 人均科研项目经费为 25.08 万元，人均条件建设经费为 4.49 万元。

从收入结构分析，研究所 04 有如下优势：

一是财政性资金来源占了主要部分；

二是基本运行经费占比例较大，科研经费在院排名居中。

同时，也存在以下不足：

一是非财政性资金占比例较小，创收能力不足；

二是财政拨款中，条件建设经费占比例较小。

原因分析：单位创收能力较差，经费来源主要靠财政拨款。

管理建议：单位加强创收能力建设，提供非财政经费占比。

（三）支出结构分析

2019 年，研究所 04 人均基本支出为 24.11 万元，比全院平均水平高 94%。其中，按在职在岗人员计算，人均人员支出为 17.98 万元，比全院平均水平高 37.4%；人均日常公用支出 5.94 万元，比全院平均水平低 3.51%。

按在职人员计算，研究所 04 人均工资为 15.42 万元，比全院平均水平高 11.87%。其中：人均基本工资 5.82 万元，比全院平均水平高 4.28%；人均绩效工资 9.60 万元，是全院平均水平的 1.17 倍；人均绩效工资是基本工资的 1.65 倍。研究所 04 按在职人员计算的人均绩效工资在全院处于中等偏上水平。

2019 年，研究所 04 用于在职人员经费的财政保障率为 81.51%，发放绩效工资的资金有 46.99%来源于财政拨款。

按在职人员计算，使用财政性经费安排的日常公用支出人均为 3.82 万元，比全院平均水平低 29.39%；在职人员日常公用总支出是财政性支出的 1.56 倍，是全院平均水平的 1.01 倍。

2019 年，研究所 04 的“三公”经费及会议费等项目支出比上年大幅降低，按在职在岗人员计算，人均公务用车运行费 0.18 万元，是全院平均水平的 1.45

倍;人均接待费为28.19元,比上年增长8.16 %;人均出国(境)费为0.77万元,比上年增长65.15 %,比全院平均水平高81.14 %;人均会议费为0.26万元,是全院平均水平的1.92倍。

从支出结构分析,研究所04有如下优势:

一是基本支出一般,但比院平均水平略高,人员经费支出一般,但在院属于中上水平;

二是"三公"经费支出持续下降,公务接待支出为0。

同时,也存在以下不足:

一是人员经费支出尚有提高空间,公用经费支出较低;

二是出国经费和会议费均高于院平均水平,尚有压缩空间。

原因分析:由于该所自主创收能力有限,基本支出基本上靠财政支持,人员经费支出依靠财政补助更为严重;"三公"经费控制基本达到原定目标,但是科技人员出国交流与合作均按国家战略需要实施,使用经费的增加符合规定。

管理建议:加大自主创收能力建设,增加基本支出投入,在国家政策支持下,出国经费也应加强管理,厉行节约,严格按规定支出。根据科研任务和项目实施要求,严格控制公务用车频率,压缩公务用车支出。

(四)竞争能力分析

2019年,按从业人员数计算,研究所04的人均市场竞争收入为3.84万元,是全院平均水平的0.99倍,位居全院第10位,说明研究所04市场竞争能力较弱。按在职人员数计算,人均竞争性科研项目经费20.2万元,是全院平均水平的193 %,位居全院第3位;按科研人员数计算,人均竞争性科研项目经费为28.14万元,是全院平均水平的142%,位居全院第1名。研究所04的市场竞争水平在全院排在中上水平,科研项目经费的竞争能力相对较强。

从竞争能力分析,研究所04有如下优势:

一是科研项目竞争力较强,经费绝对值较大,在院排名居前;

二是科研项目竞争力较强,人均经费在院排名居前。

同时,也存在以下不足:

一是人均市场竞争收入尚有上升空间;

二是人均科研经费仍有提升空间。

原因分析：经费总体不高，在同行业中尚未达到国家要求。人均科研经费与国际一流科研单位尚有差距。

管理建议：联合内外科技力量，加强外向型科研合作，争取国家支持，科研能力走出去，联合同行争取更大科研项目。

（五）发展水平分析

2019 年，从收入变化来看，研究所 04 人均收入比上年增长 0.55%，比全院平均水平低 28%，位居全院第 11 位，其中，人均非财政性资金比上年增加 68.68%，比全院平均水平高 51.68%。从竞争性收入变化来看，从业人员的人均竞争性收入比上年增长 53.82%，比全院平均水平高 39.71 %，科研人员人均竞争性科研项目经费比上年增加 37.29%，比全院平均水平低了 10.92%。

从发展水平分析，研究所 04 有如下优势：

一是人均非财政性资金增长较快；

二是人均科研项目经费增长较快。

同时，也存在以下不足：

一是人均收入总体不高，在院排名比较靠后；

二是科研人员人均竞争性科研项目经费比院平均水平低，排名中等。

原因分析：单位创收能力较差，总经费主要靠财政供给，总体收入没有重大突破；竞争性科研项目在所本级支出较少，许多科研项目都为合作项目，经费直接拨往合作单位，未在本单位列支，该指标不能准确体现科技项目争取能力。

管理建议：单位加大创收能力建设，提高科技创收。

（六）财政保障程度分析

2019 年，研究所 04 人员经费财政保障率为 82.02%，比全院平均水平高 3.45%，排在全院第 6 位；绩效工资中财政性经费所占的比例为 46.99%，比全院平均水平低 12.91%，排在全院第 8 位；在编在职人员支出财政保障率 81.51%，比全院平均水平高 0.91%，排在全院第 7 位；日常公用支出财政保障率 64.28%，比全院平均水平低 1.18%，排在全院第 10 位。

从财政保障程度分析，研究所 04 有如下优势：

一是财政补助占比例较高；

二是在编在职人员支出财政保障率较高。

同时，也存在以下不足：

一是日常公用支出财政保障率较高，但是排名靠后；

二是日常公用支出财政保障排名靠后。

原因分析：单位创收能力较差，主要靠财政补助。

管理建议：加强单位创收能力建设，增加科技创收所占比例。

（七）财力保障水平评价

按设定的指标体系和评价方法计算，研究所 04 财力保障总体水平在全院 17 家单位中居于第 7 位，比上年下降了 1 位。具体来看，经济实力在全院各单位居第 3 位，比上年下降了 1 位；筹资能力在全院各单位中居于第 7 位，比上年上升了 1 位；资金支付能力在全院各单位中居于第 8 位，与上年位次一致。

研究所 04 财力保障总体水平较高，主要是研究所 04 财政拨款水平较高，但是单位自身创收能力相对较弱，经济总量一般，经济实力一般；由于经济创收能力不强，单位在财力统筹安排上有较大的缺口，灵活度不够，只能保证单位基本运行的经费需求，单位的支付能力表现不强。

但通过总体分析，也存在如下问题：

一是筹资能力一般，主要表现为科研经费人均水平较低，收入特别是非财政性资金的收入有所提升，但是依然属于低位运行。

二是用于确保运转的基本支出经费比重较大，安排用于基础条件建设和事业发展的经费比重偏低，不利于单位的长期可持续发展。

存在问题的原因分析：

一是科研经费人均水平不高的原因：横向项目争取竞争能力较弱。

二是创收收入增长较慢的原因：新项目上马未能及时到位，创收渠道未拓宽，资金流入较少。

改进管理的建议：

一是强化科研合作，拓展科研经费来源渠道。联合科技力量，向国家大项目纵深方向发展。

二是加强开发管理，增强经济实力。开拓创收业务渠道，环境评价加快步伐，增加监测评价目录，争取政府支持，服务政府，广开财源。

三是统筹加大投入，打造创收平台。加大监测业务基础条件建设和设备投入，确保通过验收，为开展监测业务准备条件。

表5—41　　研究所04财力保障水平指标测评结果　　单位：万元

项　目	上年指标值	当年指标值	当年全院平均	当年全院位次
1. 收入情况				
人均总收入	49.82	50.09	21.95	4
人均财政性资金	47.34	45.97	22.04	4
财政性资金占其总收入的比重	95.03	91.78	87.50	6
财政性资金占全院的比重	8	8.08	100.00	5
人均部门预算财政拨款	39.39	34.93	18.82	5
人均其他财政性拨款	7.95	11.04	3.23	3
人均非财政性资金	2.79	4.71	5.26	12
非财政性资金占其总收入的比重(%)	3.35	8.22	12.50	8
非财政性资金占全院的比重(%)	3.3	5.07	100	8
非财政性资金与财政性资金之比	0.05	0.09	0.14	13
人均非财政性资金与财政性资金之比	0.06	0.1	0.24	15
总收入增长率(%)	−0.75	1.49	6.22	11
基本运行经费占总收入比例(%)	45.26	48.38	57.08	/
科研项目经费占总收入比例(%)	33.15	43.77	25.00	/
条件建设经费占总收入比例(%)	21.59	7.85	17.92	/
人均基本运行经费	18.33	24.24	12.53	5
人均财政性基本运行经费	25.31	19.80	10.98	6

续表

项　目	上年指标值	当年指标值	当年全院平均	当年全院位次
在职在岗人员人均科研项目经费	22.55	25.08	19.14	5
科研人员人均科研项目经费	18.61	34.92	27.4	5
在编在职人员人均条件建设经费	12.12	4.49	9.75	14
2.支出情况				
人均基本运行支出	22.55	24.11	12.7	5
在职在岗人员人均支出	22.41	17.98	16.15	9
离休人员人均支出			22.87	
退休人员人均支出	3.8	3.57	2.89	5
在职人员人均工资	13.67	15.42	13.78	10
在职人员人均基本工资	5.65	5.82	5.59	8
在职人员人均绩效津贴	8.02	9.60	8.20	9
在职人员人均绩效津贴是基本工资的倍数	1.04	1.65	1.47	9
在职在岗人员人均日常公用支出	1.38	5.94	8.25	12
在职人员人均财政性日常公用支出	0.31	3.82	5.41	13
在职人员日常公用总支出是财政性支出的倍数	4.5	1.56	1.53	8
在职在岗人员人均公务用车运行费	0.15	0.18	0.12	5
在职在岗人员人均接待费	0	0	0.01	14
在职在岗人员人均出国(境)费	0.47	0.77	0.43	2
在职在岗人员人均会议费	0.17	0.26	0.13	4
3.竞争能力				
从业人员人均市场竞争收入	2.49	3.84	3.89	10
在职在岗人均竞争性科研项目经费	15.07	20.20	10.45	3

续表

项　目	上年指标值	当年指标值	当年全院平均	当年全院位次
科研人员人均竞争性科研项目经费	20.49	28.14	19.87	1
4.发展水平				
人均收入增长率(%)	4.84	0.55	8.74	11
人均非财政性资金增长率(%)	59.73	68.68	17.07	2
从业人员人均市场竞争收入增长率(%)	−5.66	53.82	15.16	3
科研人员人均竞争性科研项目经费增长率(%)	8.97	37.29	48.22	8
5.财政保障率				
人员经费财政保障率(%)	92.16	82.02	78.21	6
绩效工资中财政性经费所占的比例(%)	89.90	46.99	59.90	8
在编在职人员支出财政保障率(%)	91.90	81.51	80.6	7
日常公用支出财政保障率(%)	0.5	64.28	65.55	10

表 5—42　　　　研究所 04 财力保障水平评价结果

评价指标			得分	全院位次
总体评价结果			434.72	7
1	经济实力评价结果		179.81	3
1.1	其中	人均总收入	228.21	4
1.2		人均财政性资金	208.59	4
1.3		人均非财政性资金	89.56	12
1.4		人均基本运行经费	193.42	5
1.5		人均科研经费	125.52	6
2	筹资能力评价结果		121.05	7
2.1	其中	人均市场竞争性收入	99.63	10
2.2		科研人员人均竞争性科研项目经费	141.60	1
2.3		人均总收入增长变动	91.81	10
2.4		非财政性资金人均收入增长变动	151.61	2

续表

评价指标			得分	全院位次
3	资金支付能力评价结果		133.87	8
3.1	其中	人均基本运行支出	189.87	5
3.2		人均人员支出	193.65	3
3.3		人均公用支出	72.05	11
3.4		在职人员绩效工资是基本工资的倍数	112.08	9
3.5		日常公用总支出是财政性公用支出的倍数	101.68	8

六、研究所05财力保障水平分析报告(2019)

(一)总体收入情况分析

2019年,研究所05总收入14 268.12万元,比上年增长11.7%,比全院平均增长率高5.48%;人均总收入53.84万元,是全院平均水平的2.45倍。

研究所05财政性资金占全院的比重为11 %,占研究所05总收入的比重为94.38%;人均财政性资金为65.69万元,是全院平均水平的2.98倍,居于全院第1位;人均部门预算财政拨款为53.68元,是全院平均水平的2.85倍,居于全院第1位;人均其他财政性拨款为12.01万元,比全院平均水平高271.83%,居于全院第1位。

研究所05非财政性资金占全院的比重为4.59%,占研究所05总收入的比重为5.62%;人均非财政性资金3.21万元,居于全院第15位,是全院平均水平的0.61倍。

从收入总体情况分析,研究所05的优势主要是人均总收入与人均财政性资金均高于全院平均水平,且排名前列,科研发展资金相对稳定。

同时,也存在以下不足:

一是部门预算财政拨款以外财政性拨款收入比重较低,仅占财政性资金的18.28%;

二是财政性资金主要来源于部门预算拨款,其他财政资金渠道较少;

三是非财政性资金收入占全院比重很低,17家单位中排名第9位;

四是非财政性资金收入在研究所05总收入中所占比重也较低，单位能够自主安排使用的资金非常少。

原因分析：

一是研究所05作为定员定额的非营利研究所，收入来源主要依赖于部门预算财政拨款，受项目来源渠道限制及自身资金申报竞争能力的影响，目前从其他中央部门和地方争取到的竞争性项目的财政资金额度并不高。需继续拓宽各项目资金的来源渠道。

二是所成果转移转化工作目前尚处于推进阶段，专利技术转移转化较少，成果转化收入较低；加之与科研机构、企业的合作不多，争取到的企业和其他社会组织委托的非财政性横向项目收入也较少。自身创收能力的不足，在一定程度上制约了单位自有资金的统筹安排和使用。

管理建议：

一是凝练研究方向，强化科研力量，加强项目前期策划，提高从其他中央部门和地方申请竞争性项目的能力；

二是进一步推动科技成果的转化，加强与企业及其他机构的研发转化合作，继续拓宽非财政性资金的来源渠道。

（二）收入结构分析

2019年，研究所05非财政性资金（801.77万元）与财政性资金13 466.35万元之比为0.06∶1，比全院平均水平低57.14%；人均非财政性资金与财政性资金之比为0.05∶1，比全院平均水平低79.17%。说明研究所05的资金结构中，财政性资金来源占了主要部分。

2019年，研究所05基本运行经费（6 266.22万元）占总收入（14 268.12万元）的比重为43.92%，比全院平均水平低13.16%；科研项目经费占总收入的比重为36.68%，比全院平均水平高11.68%；条件建设经费占总收入的比重为19.41%，比全院平均水平高1.49%。按总人数计算，研究所05人均基本运行经费为23.65万元，居于全院第6位；按科研人员数计算，人均科研项目经费为35.84万元；按财政补助人员计算，研究所05人均财政性基本运行经费为26.53万元；按在职人员计算，研究所05人均科研项目经费27.69万元，人均条件建设经费为 14.57 万元。

从收入结构分析，研究所 05 有如下优势：

科研项目经费占研究所 05 发展经费比例高于全院平均水平，且人均科研项目经费较高。科研项目经费在总收入中的占比情况，从资金来源的角度看，在一定程度上反映了单位的科技研发和科研竞争实力。

同时，研究所 05 存在以下不足：

一是基本运行经费占总收入的比例低于院平均水平，与快速发展的科研事业不匹配，还需要加大相关资金投入；

二是人均非财政性资金、非财政性资金占总收入的比重偏低，经费自给率不高，职工工资待遇远低于院相关单位。

原因分析：

一是作为非营利性科研机构及定员定额单位，基本支出方面财政拨款相对数额较高，在一定程度上拉高了单位总收入水平。

二是研究所 05 重视科研项目的培育和申报工作，努力拓宽项目申报渠道，国家自然科学基金、出国留学基金、海南省重大科技专项等方面均有所突破，部门预算外的财政资金有增长。

三是科研工作更多地停留在实验室内，还未“走出去”“接地气”，与企业的合作还不够深入；企业联合项目合作争取的社会资金还有待挖潜；技术服务、技术转移、成果转化创收方面还有待提高。

管理建议：

一是以国家深化体制机制改革、加快实施创新驱动发展战略为契机，强化科技同市场对接、创新成果同产业对接，加强与企业的深度合作，从源头立项开始孵化重大成果，推动研发成果直接在企业的落地转化，提高科研项目的经济效益和社会效益。

二是从单位可持续发展角度考虑，做好所全面发展规划及资金筹划；积极申报修购项目、基地建设项目，为科研工作提供硬件保障，为成果转化、技术开发提供有利的平台和环境。

（三）支出结构分析

2019 年，研究所 05 人均基本支出为 25.56 万元，比全院平均水平高 101.26%。

其中,按在职在岗人员计算,人均人员支出 20.04 万元,比全院平均水平高 24.09%;人均日常公用支出 10.62 万元,比全院平均水平高 28.73%。

2019 年研究所 05 在职人员人均工资为 16.93 万元,比全院平均水平高 22.86%。其中:人均基本工资 6.56 万元,比全院平均水平高 17.35%;人均绩效工资 10.37 万元,是全院平均水平的 1.26 倍;人均绩效工资是基本工资的 1.58 倍。研究所 05 在职人员经费的财政保障率为 74.97%,发放绩效工资的资金有 57.35%来源于财政拨款。说明发放绩效工资中财政拨款的比例较高。

2019 年按在职人员计算,使用财政性经费安排的日常公用支出人均为 10.34 万元,比全院平均水平高 91.13%;在职人员日常公用总支出是财政性支出的 1.03 倍,比全院平均水平低 0.5 倍。

2019 年,研究所 05"三公"经费和会议费支出总额比上年增加 16.69 万元。其中公务用车运行维护费比上年减少了 12.24%,减少金额为 3.94 万元,接待费减少 41.95%,减少金额为 2.45 万元;因公出国(境)费比上年增长 36.76%,增长金额为 19.9 万元;会议费增加 13.11%,增加金额为 3.18 万元。按在职在岗人员计算,人均公务用车运行费为 0.15 万元,是全院平均水平的 1.25 倍;人均接待费为 0.02 万元,是全院平均水平的 2 倍;人均出国(境)费为 0.39 万元,是全院平均水平的 0.91 倍;人均会议费为 0.15 万元,是全院平均水平的 1.15 倍。

从支出结构分析,研究所 05 有如下优势:

一是得益于财政经费支持,本单位基本支出经费保障率相对较高;

二是管理控制有效,虽然出国经费较上年有所增长,但是公务用车运行维护、公务接待费支出低于上年水平;

三是退休人员人均支出在全院排名较高,退休人员的工资待遇基本上能按政策标准落实。

存在的不足主要是基本支出依赖于财政拨款,自由资金支持率在全院排名仍然较低。

原因分析:主要是因研究所 05 属于定员定额单位,虽然与院其他单位比较,人员经费、公用经费财政拨款较有保障,但是可形成创收的房屋土地资源较少,加之科技成果转化能力较弱,从而造成创收不足,对在职在岗人员绩效工资影响较大。

管理建议：

一是加大开发创收资金的投入，进一步推动科技成果的转化，拓宽非财政性资金的来源渠道，增强创收能力，提高职工薪酬待遇，稳定人才队伍建设；

二是在保证单位正常运转的前提下，继续推进厉行节约，缩减行政事务开支，从而加大对科研创新的支持力度。

（四）竞争能力分析

2019 年，按从业人员数计算，研究所 05 的人均市场竞争收入为 2.93 万元，未达全院平均水平，仅为全院平均水平的 75%，位居全院第 14 位。数据分析说明研究所 05 目前创收能力还较弱，成果转化等市场竞争能力不强。按在职人员数计算，人均竞争性科研项目经费为 20.80 万元，是全院平均水平的 1.99 倍，位居全院第 2 位；按科研人员数计算，人均竞争性科研项目经费为 26.93 万元，是全院平均水平的 1.36 倍，位居全院第 3 位，在全院属于较高水平。

从竞争能力情况分析，研究所 05 人均竞争性科研项目经费较高，在争取科研项目经费方面与院内其他单位相比，处于相对优势。但是从市场上获取资金的能力明显不足，仍然存在重科研轻市场的问题，未能有效思考和推动成果面向市场，从而形成市场竞争力，在创造良好的社会效益的同时，取得更大的经济效益。

管理建议：

一是保持科研项目竞争优势，提高竞争性项目立项申报获批率。进一步加强科研项目申报的组织和管理，加大重大项目策划力度，积极策划申报国家级、省部级项目。

二是要争取地方财政经费支持。摸清地方政府的发展需求，通过政府购买服务等方式，实现社会效益、经济效益双提升。

三是加强知识产权管理，推动科技成果转化。结合单位重点研究方向，调研产业需求，加深企业合作，力争打造一批高质量的、有市场竞争力的发明专利、高新技术等。针对目前已有的科技成果，积极寻求市场合作，使之转化为经济效益。

（五）发展水平分析

2019 年，从收入变化来看，研究所 05 人均收入比上年增加 17.18%，比全院平均水平高 8.44%，位居全院第 9 位。其中，人均非财政性资金比上年增加 5.35%，比全院平均水平低 11.72%。从竞争性收入变化来看，从业人员的人均竞争性收入比上年增加 3.32%，比全院平均水平低 11.84%，科研人员人均竞争性科研项目经费比上年增加 26.96%，比全院平均水平高 21.26%。

从发展水平分析，其主要不足表现为人均总收入、非财政性资金收入、市场竞争收入、科研收入较上年均有所增加，但在全院排名均靠后。

原因分析：

一是研究所 05 虽然重视科研项目的培育和申报工作，努力拓宽项目申报渠道，国家自然科学基金、出国留学基金、海南省重大科技专项等均有获批，但增长率和其他兄弟单位相比并不明显。

二是科技成果转化能力比较薄弱，科技开发创收能力仍有待加强，在全院竞争水平排名中依然处于较后位置。

管理建议：

一是进一步加强科研项目的申报管理，做好项目的前期规划；进一步加强各方沟通，拓宽科研项目的申报渠道，拓宽部门预算以外的财政性资金的来源渠道。

二是以地方政府需求为导向，增强政府购买服务项目的竞争力。

三是推动所地、所企合作，围绕地方产业发展战略，针对企业技术成果需求，进一步联合项目攻关，孵化重大成果，加速技术转移转化，加大科技创收力度，拓展非财政性资金的来源渠道。

（六）财政保障程度分析

2019 年，研究所 05 人员经费财政保障率为 69.80%，比全院平均水平低 8.41%，排在全院第 9 位；绩效工资中财政性经费所占的比例为 57.35%，比全院平均水平低 2.55%，排在全院第 6 位；在编在职人员支出财政保障率为 74.97%，比全院平均水平低 5.63%，排在全院第 8 位；日常公用支出财政保障率为 97.31%，比全院平均水平高 31.76%，排在全院第 2 位。

从财政保障程度分析，研究所 05 整体的财政保障程度在全院处于中等水平。

但同时存在以下不足：

一是日常公用支出全部依赖于财政性资金，人员经费对财政资金依赖性也较高，机动经费不足，无法建立有效的激励机制。

二是在职在岗人员收入分配水平排名中下。随着院属其他单位收入分配水平的不断提高，所全员工资收入水平排名逐渐靠后、差距逐渐拉大，影响人才队伍稳定。

原因分析：主要是用于人员支出方面的财政资金有限，绩效工资更多地要依靠单位创收安排，而本单位创收面临困难，自筹资金能力十分薄弱。

管理建议：

一是进一步推动科技成果的转化，拓宽非财政性资金的来源渠道，加强自筹资金能力；

二是同时在改革的过程中，呼吁财政经费投入结构进行合理调整，改变“有钱打仗，无钱养兵”的现状，使单位能够提供良好的待遇与科研条件，留住人才，用好人才，让科技人员能够安心研发创新，多出成果，出好成果。

（七）财力保障水平评价

按设定的指标体系和评价方法计算，研究所05财力保障总体水平在全院17家单位中居于第3位，比上年上升了1位。具体来看，经济实力在全院各单位中居第2位，比上年上升了1位；筹资能力在全院各单位中居于第11位，比上年下降了6位；资金支付能力在全院各单位中居于第7位，比上年下降了2位。

研究所05财力保障总体水平排名较前，主要是研究所05财政拨款水平较高，财政性资金总量较大，经济总量较大，科研经济实力相对较强，能较好地保障单位基本运行的经费需求；竞争性科研项目经费较充裕，科研竞争水平较高。资金统筹资金支付能力中等，在全院各单位中排名第9。

但通过总体分析，也存在如下问题：

一是筹资能力还有待加强，主要表现为人均非财政性资金水平较低。人均非财政性资金水平在全院排名较低，说明创收能力较低，与其他院属单位相比，市场竞争能力明显不足，创收能力也有较大的差距。

二是人均总收入较高，但其增长率较低、后劲不足。

三是研究所05目前尚未形成稳定性的收入来源，非财政性资金收入受科研成果、市场反应影响较大。含金量较高、市场竞争能力强的科技成果较少，难以转化为实际的经济效益。

四是随着研究所05不断发展，实验室面积日趋紧张，单位无配套的试验基地，条件建设方面需求不断增加。受自筹资金能力薄弱的影响，条件建设方面经费主要依赖财政拨款。

管理建议：

一是强化科研管理，拓展科研经费来源渠道。科研项目申报方面，加强高端引领、顶层设计，加大重大项目策划力度，充分发挥所学术委员会及外聘专家智囊团的作用，通过多渠道、多部门联合攻关，提升科研项目申报工作的效率。

二是加强开发创收，增强经济实力。认真梳理科技开发思路，挖掘潜力，向市场要效益，打通科研成果从实验室到市场的“最后一公里”。同时，通过积极完善基地建设管理、科技开发管理及激励机制运行等管理体系，为实现科技成果和技术开发创收创造有利条件。

三是加强财务管理，统筹资金安排。针对财力保障水平现状，围绕单位长期规划与工作重点，厉行节约，统筹收支，合理安排。加大开发投入，配合业务部门，积极开拓资金来源渠道，保障职工绩效工资水平，稳定人才队伍。

表5—43　研究所05财力保障水平指标测评结果　单位：万元

项　目	上年指标值	当年指标值	当年全院平均	当年全院位次
1. 收入情况				
人均总收入	45.95	53.84	21.95	2
人均财政性资金	57.58	65.69	22.04	1
财政性资金占其总收入的比重(%)	93.76	94.38	87.50	2
财政性资金占全院的比重(%)	10.33	11.00	/	2
人均部门预算财政拨款	49.32	53.68	18.82	1
人均其他财政性拨款	8.26	12.01	3.23	1
人均非财政性资金	3.04	3.21	5.26	15

续表

项　目	上年指标值	当年指标值	当年全院平均	当年全院位次
非财政性资金占其总收入的比重(%)	6.24	5.62	12.50	16
非财政性资金占全院的比重(%)	5.06	4.59	/	9
非财政性资金与财政性资金之比	0.08	0.06	0.14	/
人均非财政性资金与财政性资金之比	0.05	0.05	0.24	/
总收入增长率(%)	30.44	11.70	6.22	9
基本运行经费占总收入比例(%)	48.94	43.92	57.08	13
科研项目经费占总收入比例(%)	32.39	36.68	25.00	3
条件建设经费占总收入比例(%)	18.67	19.41	17.92	8
人均基本运行经费	22.49	23.65	12.53	6
人均财政性基本运行经费	26.13	26.53	10.98	1
在职在岗人员人均科研项目经费	21.55	27.69	19.14	2
科研人员人均科研项目经费	26.69	35.84	27.40	4
在编在职人员人均条件建设经费	12.42	14.57	9.75	6
2.支出情况				
人均基本运行支出	22.49	25.56	12.70	3
在职在岗人员人均支出	19.14	20.04	16.15	4
离休人员人均支出	/	/	/	/
退休人员人均支出	4.16	4.18	2.89	4
在职人员人均工资	17.31	16.93	13.78	4
在职人员人均基本工资	6.48	6.56	5.59	2
在职人员人均绩效津贴	10.83	10.37	8.20	6

续表

项　目	上年指标值	当年指标值	当年全院平均	当年全院位次
在职人员人均绩效津贴是基本工资的倍数	1.67	1.58	1.47	11
在职在岗人员人均日常公用支出	9.04	10.62	8.25	7
在职人员人均财政性日常公用支出	8.93	10.34	5.41	3
在职人员日常公用总支出是财政性支出的倍数	1.01	1.03	1.53	7
在职在岗人员人均公务用车运行费	0.17	0.15	0.12	8
在职在岗人员人均接待费	0.03	0.02	0.01	4
在职在岗人员人均出国(境)费	0.28	0.39	0.43	6
在职在岗人员人均会议费	0.13	0.15	0.13	7
3.竞争能力				
从业人员人均市场竞争收入	2.84	2.93	3.89	14
在职在岗人均竞争性科研项目经费	17.12	20.80	10.45	2
科研人员人均竞争性科研项目经费	21.21	26.93	19.87	3
4.发展水平				
人均收入增长率(%)	29.04	17.18	8.74	9
人均非财政性资金增长率(%)	73.98	5.35	17.07	8
从业人员人均市场竞争收入增长率(%)	77.99	3.32	15.16	8
科研人员人均竞争性科研项目经费增长率(%)	62.97	26.96	48.22	10
5.财政保障率				
人员经费财政保障率(%)	73.74	69.80	78.21	9
绩效工资中财政性经费所占的比例(%)	64.87	57.35	59.90	6
在编在职人员支出财政保障率(%)	78.88	74.97	80.60	8
日常公用支出财政保障率(%)	98.75	97.31	65.55	2

表 5—44 研究所 05 财力保障水平评价结果

评价指标			得分	全院位次
总体评价结果			439.60	3
1	经济实力评价结果		198.19	2
1.1	其中	人均总收入	245.29	2
1.2		人均财政性资金	298.05	1
1.3		人均非财政性资金	60.97	15
1.4		人均基本运行经费	188.72	6
1.5		人均科研经费	197.91	2
2	筹资能力评价结果		102.85	11
2.1	其中	人均市场竞争性收入	76.17	14
2.2		科研人员人均竞争性科研项目经费	135.53	3
2.3		人均总收入增长变动	108.44	9
2.4		非财政性资金人均收入增长变动	88.28	8
3	资金支付能力评价结果		138.56	7
3.1	其中	人均基本运行支出	201.23	3
3.2		人均人员支出	188.08	4
3.3		人均公用支出	128.78	7
3.4		在职人员绩效工资是基本工资的倍数	107.55	11
3.5		日常公用总支出是财政性公用支出的倍数	67.17	16

七、研究所 06 财力保障水平分析报告(2019)

(一)总体收入情况分析

2019 年,研究所 06 总收入比上年减少 7.7%,比全院平均增长率低 13.92%;人均总收入为 23.24 万元,是全院平均水平的 1.06 倍。

研究所 06 财政性资金占全院的比重为 8.07%,占研究所 06 总收入的比重为 90.61%;人均财政性资金为 24.39 万元,是全院平均水平的 1.11 倍,居于全院第 12 位;人均部门预算财政拨款为 21.92 万元,是全院平均水平的 1.16 倍,居于全院第 12 位；人均其他财政性拨款为 2.47 万元，比全院平均水平低 23.53%，居于全院第 12 位。

研究所 06 非财政性资金占全院的比重为 5.86%，占研究所 06 总收入的比重为 9.39%；人均非财政性资金为 4.45 万元，居于全院第 13 位，是全院平均水平的 0.85 倍。

从总体收入情况来看，研究所 06 存在以下优势：

一是在院属单位中资金体量较大，资金总量在全院排名第 5 位，占全院资金总量的 7.79%；

二是虽然总收入增幅为负数，低于全院平均增长率，但是非财政性资金较上年增幅达 28.66%。

同时，也存在以下不足：

一是财政性资金依赖情况较严重，全年财政性资金占比达九成以上。

二是人均收入低。人均总收入全院排名第 13 位，人均非财政性资金低于全院平均水平。

原因分析：

一是创收手段单一。研究所 06 主要收入依靠苗木销售，近年来苗木市场不景气，对研究所 06 开发创收造成了严重的影响。

二是创收积极性不高。绝大多数科研人员只关注科学研究，而缺乏主动了解市场，致使科研成果难以市场化推广。

管理建议：

从管理制度、单位文化、分配制度等层面提高大家创收积极性，进一步鼓励创新、创造思维模式，重点培育出一两项具有良好市场前景的科技技术或一两个科研产品。

（二）收入结构分析

2019 年，研究所 06 非财政性资金与财政性资金之比为 0.1，比全院平均水平低 25.97%；人均非财政性资金与财政性资金之比为 0.18，比全院平均水平低 23.96%。说明在研究所 06 的资金结构中，财政性资金来源占了主要部分。

2019 年，研究所 06 基本运行经费占总收入的比重为 49.91%，比全院平均水平低7.17%；科研项目经费占总收入的比重为24.54%，比全院平均水平低0.46%；条件建设经费占总收入的比重为25.55%，比全院平均水平高7.63%。按总人数计算，研究所06人均基本运行经费为11.6万元，居于全院第15位；按科研人员数计算，人均科研项目经费为29.72万元，居于全院第6位；按财政补助人员计算，研究所06人均财政性基本运行经费为10.91万元；按在职人员计算，研究所06人均科研项目经费为16.12万元，人均条件建设经费为16.78万元。

从收入结构分析，研究所06条件建设经费、科研人员人均科研项目经费和人均条件建设经费均高于全院平均水平。但是基本运行经费占总经费的比重达到50%，而最重要的科研项目经费仅占总经费的1/4。

原因分析：

研究所06资源优势较明显，有6 000多亩地，国家可投入的基本建设条件较好，但由于单位人才结构不合理，人才缺乏，导致科研方面的影响力不够，申请科研项目经费不足。另外，由于历史原因，单位仅有80个创新编制名额，社会公益类科研机构改革专项经费和基本科研业务费项目经费偏少。

管理建议：

一是全面深化团队管理改革、大力推行团队协作理念，重点从团队带头人的塑造和培养、研究团队的发展优势方向规划论证两方面着手，重点打造1～2个国内有影响的优秀团队。

二是在加大人才引进力度的同时，尽可能地留住人才。

（三）支出结构分析

2019年，研究所06从业人员人均基本支出为22.36万元，比全院平均水平低8.18%。其中，按在职在岗人员计算，人均人员支出为20.92万元，比全院平均水平高29.54%；人均日常公用支出为4.37万元，比全院平均水平低47.16%。

按在职人员计算，研究所06人均工资为17.19万元，比全院平均水平高24.75%。其中：人均基本工资6.25万元，比全院平均水平高11.81%；人均绩效工资10.94万元，是全院平均水平的1.33倍；人均绩效工资是基本工资的

1.75 倍。研究所 06 按在职人员计算的人均绩效工资在全院处于中等偏上水平。

2019 年，研究所 06 用于在职人员经费的财政保障率为 88.42％，发放绩效工资的资金中有 95.64％来源于财政拨款。

按在职人员计算，使用财政性经费安排的日常公用支出人均为 3.95 万元，比全院平均水平低 26.99％；在职人员日常公用总支出是财政性支出的 1.1 倍，比全院平均水平低 29.51％。

2019 年，研究所 06 的"三公"经费及会议费等项目支出与上年基本持平，按在职在岗人员计算，人均公务用车运行费为 0.09 万元，是全院平均水平的 0.75 倍；人均接待费为 0.01 万元，比上年增加 155.7％，是全院平均水平的 1 倍；人均出国(境)费为 0.11 万元，比上年增加 34％，比全院平均水平低 74.42％；人均会议费为 0.09 万元，是全院平均水平的 0.69 倍。

从支出结构分析，研究所 06 在职人员经费的财政保障率较高，尤其是绩效工资财政保障率高达 95.64％。但是由于受到单位创收影响，可用于绩效工资发放的自筹资金严重不足。从公用经费支出情况来看，研究所 06 坚决贯彻执行厉行节约，反对浪费原则，公用经费支出水平远低于全院平均水平，尤其是"三公"经费开支，虽然较上年同比有所增长，但还是低于全院平均水平。

管理建议：

一是继续坚决贯彻执行厉行节约，反对浪费原则，进一步提高工作效率，压缩开支。

二是强化数据分析，合理保证经费开支和单位职能业务、创收收入、科研经费等的比例。

（四）竞争能力分析

2019 年，按从业人员数计算，研究所 06 的人均市场竞争收入为 3.44 万元，是全院平均水平的 0.88 倍，位居全院第 12 名，说明研究所 06 的市场竞争能力较弱。按在职人员数计算，人均竞争性科研项目经费为 11.02 万元，是全院平均水平的 105.45 ％，位居全院第 9 位；按科研人员数计算，人均竞争性科研项目经费为 20.32 万元，是全院平均水平的 102.26％，位居全院第 7 位。研究所 06 的市场竞争水平在全院排在中等水平，但作为非营利所，其科研项目经费的竞争能力相对不足。

从竞争能力分析，研究所06虽然科研人员人均竞争性科研项目经费略高于全院平均水平，但是市场竞争性收入总体较弱，尤其是人均市场竞争性收入排在全院下游水平。竞争性科研经费成功申请渠道有限，竞争能力不强。

原因分析：

一是竞争性收入手段单一，主要依靠销售热带水果。但是由于单位主要职能还是以科研为主，因此无法形成热带水果规模效应，只能通过零星采摘的模式获取销售收入，而“研、学、游”配套服务未能同步进行，客户采摘体验不够理想。

二是单位科研竞争水平和科研创新能力不够，在科研技术服务这一块无法形成独有的、极具市场影响力的技术，致使技术服务输出市场认可度不够。

三是科研人员竞争性科研项目申报积极性不高。

管理建议：

一是合理规划单位采摘体验园。研究所06拥有6 000余亩科研试验用地，热带水果品种齐全，完全可以按照不同的成熟期，通过合理规划设计，让研究所06生产的水果能够一年四季不间断采摘，从而形成自己的特色，做好配套服务，形成具有一定规模效应的旅游经济。

二是虽然研究所06作为国家级科研单位，承担着国家“乡村振兴”的重要任务，但是可以重点与农业合作社合作，形成具有良好效益的示范效应，从而带动农村经济发展，同时也能完善和熟化科研配套技术。

三是鼓励科研人员申报竞争性项目，严格监督项目经费执行，狠抓项目产出。

（五）发展水平分析

2019年，从收入变化来看，研究所06人均收入比上年降低10.26%，增长率比全院平均水平低19%，位居全院第14位，其中，人均非财政性资金比上年增加3.61%，比全院平均水平低13.46%。从竞争性收入变化来看，从业人员的人均竞争性收入比上年增加0.34%，比全院平均水平低14.82%，科研人员人均竞争性科研项目经费比上年增加76.97%，比全院平均水平高28.75%。

从发展水平分析，研究所 06 虽然人均收入较上年同比有所下降，但是收入水平还是略高于全院平均水平。考虑到全院从业人数有很大一部分是附属单位的普通农民职工，所以整体人均发展水平还有待加强。

原因分析：

一是高层次人才引进困难。由于研究所 06 地处郊区，待遇相对偏低，同时职工配套的家庭和子女教育问题亟待解决，致使高层次人才难以引进和留住。2019 年，该所相继离职了 10 余名博士、硕士等高层次人才。

二是人才效益有待发挥。近年来，随着人才竞争日益白热化，单位也陆续引进了部分高层次人才，但是由于科研环境变化，在新单位、新岗位上还未能完全发挥人才优势，从目前整体情况来看，针对人才的支出还是大于收益的。

管理建议：

一是从发展空间、配套设施、家属安置、单位文化等方面仔细甄别一批与单位能够同甘共苦的实干型人才，争取做到“来一个，留一个”。

二是尽量从科研环境、内控制度等层面，为人才提供一个良好的平台，引领、督促人才发挥效益，从而推动单位科研发展。

（六）财政保障程度分析

2019 年，研究所 06 人员经费财政保障率为 89.98%，比全院平均水平高 11.77%，排在全院第 3 位；绩效工资中财政性经费所占的比例为 95.64%，比全院平均水平高 35.74%，排在全院第 3 位；在编在职人员支出财政保障率为 88.42%，比全院平均水平高 7.82%，排在全院第 4 位；日常公用支出财政保障率为 90.56%，比全院平均水平高 25.11%，排在全院第 3 位。

从财政保障程度分析，作为非营利所，研究所 06 财政保障率相对较高，尤其是绩效工资中财政性经费所占的比例全院排名第 3 位。但是也造成了财政保障依赖性大，自我“造血”功能较弱，不利于单位整体科研发展。

管理建议：

坚决贯彻落实热科院绩效工资分配改革方案，进一步提高全体职工的积极性，争取短期内树立一两个科研、创收工作开展较好的典型，从而“以点带面”，全面推进单位整体科研发展。

(七)财力保障水平评价

按设定的指标体系和评价方法计算,研究所06财力保障总体水平在全院17家单位中居于第15位,比上年下降了1位。具体来看,经济实力在全院各单位居第15位,比上年下降了1位;筹资能力在全院各单位中居于第14位,比上年下降2位;资金支付能力在全院各单位中居于第15位,与上年位次一致。

研究所06财力保障总体水平较低,虽然财政保障程度相对较高,但是单位自身创收能力较差,竞争性收入总量较小,经济实力较差;2019年,研究所06总收入、人均总收入均呈现负增长趋势,不得不采取进一步严格控制基本支出开支,以求最大限度地保障单位正常运转。

通过总体分析,存在如下问题:

一是虽然总体经济实力略高于平均水平,但是却处于所有科研所的最后一位,尤其是人均非财政性资金收入和人均基本运行经费较低。

二是人均市场竞争性收入较低,人均总收入呈现负增长,使得研究所06筹资能力较弱,财力统筹缺乏操作空间和灵活度。

存在问题的原因分析:

一是竞争性收入偏低原因主要是研究所06目前尚未形成较稳定的、成规模的收入来源,对外部经济市场敏感度不够,采摘基地较分散,对外宣传力度缺乏。另一方面,含金量较高、市场竞争能力较强的科技成果较少,科研技术市场需求度、接受度不够,难以形成较强劲的经济效益转化能力。

二是科研人员主动、创新能力有待进一步提高,争取科研项目经费的能力和积极性较低,尤其是国家自然科学基金等影响力较大的项目难以立项,存在急功近利的心态。

三是科研产出重论文而轻效益的现象较为严重。

改进管理的建议:

其一,强化科研管理,拓展科研经费来源渠道。

进一步凝练科学问题,谋划科研目标,强化研究的目的性和预期性,强化项目立项前期的论证准备工作;强化所项目库的建设,重项目立项的质量;重点培育重大项目;动员年轻科技人员积极申报国家基金,广东省、海南省科技厅项目;

拓展广东省农业厅、四川省科技厅科技项目申报渠道。

其二,加强开发创收,增强经济实力。

加快生态休闲农业产业带的规划、建设,力争开发工作取得较大突破。利用南亚热带植物园、全国科普教育基地、全国农产品质量安全教育基地、全国中小学生研学实践教育基地和中国热带农业科学院休闲农业研究中心等平台,整合所内科研试验示范基地以及部分科技成果,通过部门之间信息共享、互利共赢等手段,重点抓好科普、休闲旅游工作;创新宣传手段,通过微信等方式宣传我所休闲旅游、科技产品,提高我所知名度,提高开发创收能力,增强单位整体经济实力。

其三,加强财务管理,统筹资金安排。

加强财务数据分析,用数据说话,用数据服务决策,提交财务分析说明及分析表,让所领导充分了解全所经济状况,牢固树立"过紧日子"的思想,勤俭节约,精打细算,严格控制"三公"经费预算支出编制,大力压减差旅费、会议费、培训费等一般性支出。

表 5—45　　研究所 06 财力保障水平指标测评结果　　单位:万元

项　目	上年指标值	当年指标值	当年全院平均	当年全院位次
1. 收入情况				
人均总收入	25.9	23.24	21.95	13
人均财政性资金	26.21	24.39	22.04	12
财政性资金占其总收入的比重	92.11	90.61	87.5	7
财政性资金占全院的比重	9.39	8.07	/	6
人均部门预算财政拨款	26.21	21.92	18.82	12
人均其他财政性拨款	1.54	2.47	3.23	12
人均非财政性资金	4.3	4.45	5.26	13
非财政性资金占其总收入的比重(%)	7.89	9.39	12.5	/
非财政性资金占全院的比重(%)	5.91	5.86	/	7
非财政性资金与财政性资金之比(%)	8.57	10.36	0.14	/

续表

项　目	上年指标值	当年指标值	当年全院平均	当年全院位次
人均非财政性资金与财政性资金之比(%)	16.41	18.25	0.24	/
总收入增长率(%)	23.32	-7.7	6.22	/
基本运行经费占总收入比例(%)	44.23	49.91	57.08	/
科研项目经费占总收入比例(%)	18.2	24.54	25	/
条件建设经费占总收入比例(%)	37.57	25.55	17.92	/
人均基本运行经费	11.45	11.6	12.53	15
人均财政性基本运行经费	10.34	10.91	10.98	/
在职在岗人员人均科研项目经费	12.22	16.12	19.14	/
科研人员人均科研项目经费	16.54	29.72	27.4	6
在编在职人员人均条件建设经费	25.21	16.78	9.75	5
2. 支出情况				
人均基本运行支出	11.06	10.96	12.7	15
在职在岗人员人均支出	17.7	20.92	16.15	3
离休人员人均支出	17.7	15.28	22.87	/
退休人员人均支出	2.79	2.28	2.89	/
在职人员人均工资	15.96	17.19	13.78	/
在职人员人均基本工资	5.71	6.25	5.59	/
在职人员人均绩效津贴	10.25	10.94	8.2	/
在职人员人均绩效津贴是基本工资的倍数	1.80	1.75	1.47	8
在职在岗人员人均日常公用支出	4.63	4.37	8.25	13
在职人员人均财政性日常公用支出	3.67	3.95	5.41	/
在职人员日常公用总支出是财政性支出的倍数	1.26	1.1	1.53	/

续表

项　目	上年指标值	当年指标值	当年全院平均	当年全院位次
在职在岗人员人均公务用车运行费	0.09	0.09	0.12	/
在职在岗人员人均接待费	0	0.01	0.01	/
在职在岗人员人均出国(境)费	0.08	0.11	0.43	/
在职在岗人员人均会议费	0.08	0.09	0.13	/
3.竞争能力				
从业人员人均市场竞争收入	3.43	3.44	3.89	12
在职在岗人均竞争性科研项目经费	8.48	11.02	10.45	9
科研人员人均竞争性科研项目经费	11.48	20.32	19.87	7
4.发展水平				
人均收入增长率(%)	23.32	−10.26	8.74	14
人均非财政性资金增长率(%)	17.15	3.61	17.07	11
从业人员人均市场竞争收入增长率(%)	22.68	0.34	15.16	10
科研人员人均竞争性科研项目经费增长率(%)	102.75	76.97	48.22	2
5.财政保障率				
人员经费财政保障率(%)	85.6	89.98	78.21	3
绩效工资中财政性经费所占的比例(%)	72.56	95.64	59.9	3
在编在职人员支出财政保障率(%)	84.11	88.42	80.6	4
日常公用支出财政保障率(%)	79.08	90.56	65.55	3

表 5—46　　研究所 06 财力保障水平评价结果

评价指标		得分	全院位次
总体评价结果		279.59	15
1	经济实力评价结果	101.78	15

续表

评价指标			得分	全院位次
1.1	其中	人均总收入	105.89	13
1.2		人均财政性资金	110.65	12
1.3		人均非财政性资金	84.61	13
1.4		人均基本运行经费	92.58	15
1.5		人均科研经费	115.19	7
2	筹资能力评价结果		90.97	14
2.1	其中	人均市场竞争性收入	89.27	13
2.2		科研人员人均竞争性科研项目经费	102.28	7
2.3		人均总收入增长变动	81	15
2.4		非财政性资金人均收入增长变动	86.54	10
3	资金支付能力评价结果		86.84	15
3.1	其中	人均基本运行支出	86.33	15
3.2		人均人员支出	103.7	14
3.3		人均公用支出	52.91	13
3.4		在职人员绩效工资是基本工资的倍数	119.08	8
3.5		日常公用总支出是财政性公用支出的倍数	72.17	15

八、研究所07财力保障水平分析报告(2019)

(一)总体收入情况分析

2019年,研究所07总收入比上年增加了42.86%,比全院平均增长率高36.64%;人均总收入为37.44万元,是全院平均水平的1.71倍。

研究所07财政性资金占全院的比重为3.99 %,占研究所07总收入的比重为93.18%;人均财政性资金为35.14万元,是全院平均水平的1.59倍,居于全院第8位;人均部门预算财政拨款为30.81万元,是全院平均水平的1.64倍,居于全院第8位;人均其他财政性拨款为4.33万元,比全院平均水平高1.34%,居于全院第10位。

研究所 07 非财政性资金占全院的比重为 2.04 %，占研究所 07 总收入的比重为 6.82 %；人均非财政性资金 3.22 万元，居于全院第 14 位，是全院平均水平的 0.62 倍。

从收入总体情况分析，研究所 07 有如下优势：

一是总收入较上年增加 42.86%，人均总收入水平高于全院平均水平；

二是人均财政性资金水平高于全院平均水平。

同时，也存在以下不足：非财政资金收入过少，人均非财政资金处于全院后列。

原因分析：

一是科研项目申报通过率低，项目到账金额小；

二是缺乏优秀的创新性组织人才。

管理建议：

一是通过加强管理及制度建设，充分调动现有人员的积极性及创造力；

二是引进真正的具有高素质的领军人才。

（二）收入结构分析

2019 年，研究所 07 非财政性资金与财政性资金之比为 0.07 ，比全院平均水平低 50%；人均非财政性资金与财政性资金之比为 0.09 ，比全院平均水平低 61.83%。说明研究所 07 的资金结构中，财政性资金来源占了主要部分。

2019 年，研究所 07 基本运行经费占总收入的比重为 69.75%，比全院平均水平高 12.67%；科研项目经费占总收入的比重为 7.40 %，比全院平均水平低 17.60%；条件建设经费占总收入的比重为 22.85%，比全院平均水平高 4.93%。按总人数计算，研究所 07 人均基本运行经费为 26.12 万元，居于全院第 2 位；按科研人员数计算，人均科研项目经费为 4 万元，位于全院末位；按财政补助人员计算，研究所 07 人均财政性基本运行经费 19.4 万元；按在职人员计算，研究所 07 人均科研项目经费为 3.53 万元，人均条件建设经费为 10.89 万元。

从收入结构分析，存在以下不足：

一是科研项目经费占总收入的比重低，人均科研项目经费不足；

二是收入结构不佳，财政性资金来源占了主要部分。

原因分析:科研项目申报通过率低,项目到账金额小。

管理建议:

一是各级管理部门组织科研人员对相关项目政策进行解读和指导,提高项目申报成功率;

二是申报优质科研项目提高科研项目经费收入。

(三)支出结构分析

2019 年,研究所 07 人均基本支出为 18.54 万元,比全院平均水平高 45.93%。其中,按在职在岗人员计算,人均人员支出为 10.72 万元,比全院平均水平低 33.63%;人均日常公用支出为 9.13 万元,比全院平均水平高 10.69%。

按在职人员计算,研究所 07 人均工资为 9.81 万元,比全院平均水平低 28.86%,居于全院第 15 位。其中:人均基本工资 5.50 万元,比全院平均水平低 1.50%;人均绩效工资 4.31 万元,是全院平均水平的 0.53 倍;人均绩效工资是基本工资的 0.78 倍。研究所 07 按在职人员计算的人均绩效工资在全院处于靠后水平。

2019 年,研究所 07 在目前的工资发放水平下,用于在职人员经费的财政保障率为 110.42%,发放绩效工资的资金有 113.45%来源于财政拨款。

按在职人员计算,使用财政性经费安排的日常公用支出人均为 9.13 万元,比全院平均水平高 68.87 %;在职人员日常公用总支出是财政性支出的 1 倍,比全院平均水平低 0.65 倍。

2019 年,研究所 07 的"三公"经费及会议费等项目支出比上年大幅降低,按在职在岗人员计算,人均公务用车运行费 0.06 万元,是全院平均水平的 0.5 倍;人均接待费 0.01 万元,比上年降低 16.92%,与全院平均水平持平;人均出国(境)费 0.16 万元,比上年下降 26.58%,比全院平均水平低 74.62%;人均会议费 0.08 万元,是全院平均水平的 0.62 倍。

从支出结构分析,研究所 07 有如下优势:

一是,研究所 07 的"三公"经费及会议费等项目支出比上年大幅降低;

二是,研究所 07 用于在职人员经费的财政保障率为 110.42%,发放绩效工资的资金有 113.45%来源于财政拨款。

研究所07的不足之处主要表现为按在职人员计算的人均绩效工资在全院处于靠后水平。

原因分析：由于单位发展、人员增长、单位配套设施建设等，人员经费、公用经费开支较大，单位经费日趋紧张。

管理建议：

一是提升单位的创收能力，加强内控体系建设，合理控制基本支出开支；

二是通过加强管理及制度建设，修改、调整绩效考核及绩效工资发放办法。

（四）竞争能力分析

2019年，按从业人员数计算，研究所07的人均市场竞争收入为3万元，是全院平均水平的0.78倍，位居全院第12位，说明研究所07的市场竞争能力弱。按在职人员数计算，人均竞争性科研项目经费0.99万元，是全院平均水平的0.09倍，位居全院第14位；按科研人员数计算，人均竞争性科研项目经费1.12万元，是全院平均水平的0.06倍，位居全院第14位。研究所07的市场竞争水平在全院排在末位，但作为非营利所，其科研项目经费的竞争能力不足。

存在的不足主要是研究所07的市场竞争能力较弱。

原因分析：

一是科研项目申报成功率不高；

二是科研人员积极性不高。

管理建议：

一是各级管理部门组织科研人员对相关项目政策进行解读和指导，提高项目申报成功率。

二是培养或引进创新型领军人才，加强现有人员培养方式。

（五）发展水平分析

2019年，从收入变化来看，研究所07人均收入比上年增加39.80%，比全院平均水平高31.59%，位居全院第3位，其中，人均非财政性资金比上年减少0.65%，比全院平均水平低17.72%。从竞争性收入变化来看，从业人员的人均竞争性收入比上年降低6.75%，比全院平均水平低21.91%，科研人员人均竞争性科研项目经费比上年增加 12.37%，比全院平均水平低 35.85%。

从发展水平分析，研究所 07 有如下优势：

一是研究所 07 人均收入比上年增加 39.80%；

二是科研人员人均竞争性科研项目经费比上年增加 12.37%。

同时，也存在以下不足：从竞争性收入变化来看，从业人员的人均竞争性收入比上年降低 6.75 %，比全院平均水平低 21.91%。

管理建议：继续加大对竞争性科研项目的争取力度，提升单位的整体科研实力；提高科研创收能力，合理引进人才及控制各项支出。

（六）财政保障程度分析

2019 年，研究所 07 人员经费财政保障率为 109.28%，比全院平均水平高 31.07%，排在全院第 1 位；绩效工资中财政性经费所占的比例为 113.45%，比全院平均水平高 53.55%，排在全院第 2 位；在编在职人员支出财政保障率为 110.42%，比全院平均水平高 29.82%，排在全院第 2 位；日常公用支出财政保障率为 100%，比全院平均水平高 34.45%，排在全院第 1 位。

从财政保障程度分析，研究所 07 的主要优势是财政保障率较高，位于全院前列。

管理建议：筹划单位发展，根据业务及发展需要，合理引进人才，加大对人员经费财政补助的争取力度。

（七）财力保障水平评价

按设定的指标体系和评价方法计算，研究所 07 的财力保障总体水平在全院 17 家单位中居于第 14 位，比上年上升了 1 位。具体来看，经济实力在全院各单位中居第 12 位，比上年上升了 1 位；筹资能力在全院各单位中居于第 16 位，比上年上升了 1 位；资金支付能力在全院各单位中居于第 13 位，比上年下降了 4 位。

通过总体分析，也存在如下问题：

一是筹资能力弱，主要表现为科研经费人均水平较低；

二是用于确保运转的基本支出经费比重较大，安排用于基础条件建设和事业发展的经费比重偏低，不利于单位的长期可持续发展。

存在问题的原因分析：

其一，科研经费人均水平偏低的原因：科研人员创新能力有待进一步提高，争取科研项目经费的能力较低，申请大项目的能力更低，项目储备与规划不合理；

其二，创收收入逐年减少的原因：项目申请不合理，导致创收收入逐年减少。

改进管理的建议：

其一，强化科研管理，拓展科研经费来源渠道，科研项目要遵循创新性、可行性、可用性、合理性等原则；

其二，加强开发创收，增强经济实力；

其三，加强财务管理，统筹资金安排，制定项目保障机制，在项目进行过程中，及时跟进，确保课题项目研究如期完成。

表 5—47　　**研究所 07 财力保障水平指标测评结果**　　单位：万元

项　目	上年指标值	当年指标值	当年全院平均	当年全院位次
1. 收入情况				
人均总收入	26.78	37.44	21.95	9
人均财政性资金	24.25	35.14	22.04	8
财政性资金占其总收入的比重(%)	90.55	93.18	87.50	7
财政性资金占全院的比重(%)	2.87	3.99	100	12
人均部门预算财政拨款	20.66	30.81	18.82	8
人均其他财政性拨款	3.59	4.33	3.23	10
人均非财政性资金	3.24	3.22	5.26	14
非财政性资金占其总收入的比重(%)	9.45	6.82	12.5	15
非财政性资金占全院的比重(%)	2.20	2.04	100	16
非财政性资金与财政性资金之比	0.10	0.07	0.14	
人均非财政性资金与财政性资金之比	0.13	0.09	0.24	
总收入增长率(%)	−20.45	42.86	6.22	9

续表

项　目	上年指标值	当年指标值	当年全院平均	当年全院位次
基本运行经费占总收入比例(%)	89.26	69.75	57.08	4
科研项目经费占总收入比例(%)	6.92	7.40	25	15
条件建设经费占总收入比例(%)	3.82	22.85	17.92	6
人均基本运行经费	23.91	26.12	12.53	2
人均财政性基本运行经费	17.86	19.40	10.98	6
在职在岗人员人均科研项目经费	2.37	3.53	19.14	14
科研人员人均科研项目经费	3.22	4	27.40	14
在编在职人员人均条件建设经费	1.31	10.89	9.75	9
2.支出情况				
人均基本运行支出	19.42	18.54	12.70	8
在职在岗人员人均支出	14.20	10.72	16.15	16
离休人员人均支出	15.62	12.43	22.87	7
退休人员人均支出	2.44	2.90	2.89	11
在职人员人均工资	13.56	9.81	13.78	16
在职人员人均基本工资	4.96	5.50	5.59	10
在职人员人均绩效津贴	8.61	4.31	8.20	16
在职人员人均绩效津贴是基本工资的倍数	1.74	0.78	1.47	15
在职在岗人员人均日常公用支出	6.50	9.13	8.25	9
在职人员人均财政性日常公用支出	6.50	9.13	5.41	4
在职人员日常公用总支出是财政性支出的倍数	1	1	1.53	9
在职在岗人员人均公务用车运行费	0.1	0.06	0.12	14
在职在岗人员人均接待费	0.01	0.01	0.01	8
在职在岗人员人均出国(境)费	0.22	0.16	0.43	10

续表

项　目	上年指标值	当年指标值	当年全院平均	当年全院位次
在职在岗人员人均会议费	0.12	0.08	0.13	11
3.竞争能力				
从业人员人均市场竞争收入	3.22	3	3.89	13
在职在岗人均竞争性科研项目经费	0.74	0.99	10.45	14
科研人员人均竞争性科研项目经费	1	1.12	19.87	14
4.发展水平				
人均收入增长率(%)	−20.45	39.80	8.74	3
人均非财政性资金增长率(%)	−0.17	−0.65	17.07	14
从业人员人均市场竞争收入增长率(%)	−0.12	−6.75	15.16	12
科研人员人均竞争性科研项目经费增长率(%)	−80.52	12.37	48.22	12
5.财政保障率				
人员经费财政保障率(%)	88.30	109.28	78.21	1
绩效工资中财政性经费所占的比例(%)	79.43	113.45	59.90	2
在编在职人员支出财政保障率(%)	87.54	110.42	80.60	2
日常公用支出财政保障率(%)	100	100	65.55	1

表 5—48　　研究所 07 财力保障水平评价结果

评价指标			得分	全院位次
总体评价结果			289.77	14
1	经济实力评价结果		124.98	12
1.1	其中	人均总收入	170.59	9
1.2		人均财政性资金	159.45	8
1.3		人均非财政性资金	61.21	14
1.4		人均基本运行经费	208.42	2
1.5		人均科研经费	25.21	15

续表

评价指标			得分	全院位次
2	筹资能力评价结果		67.76	16
2.1	其中	人均市场竞争性收入	77.99	13
2.2		科研人员人均竞争性科研项目经费	5.66	14
2.3		人均总收入增长变动	131.06	3
2.4		非财政性资金人均收入增长变动	82.28	14
3	资金支付能力评价结果		97.04	13
3.1	其中	人均基本运行支出	145.95	8
3.2		人均人员支出	109.97	11
3.3		人均公用支出	110.67	9
3.4		在职人员绩效工资是基本工资的倍数	53.24	15
3.5		日常公用总支出是财政性公用支出的倍数	65.36	17

九、研究所08财力保障水平分析报告(2019)

(一)总体收入情况分析

2019年,研究所08总收入比上年减少了9.81%,比全院平均增长率低16.03%;人均总收入为34.96万元,是全院平均水平的1.59倍。

研究所08财政性资金占全院的比重为1.86 %,占研究所08总收入的比重为74.67%;人均财政性资金28.04万元,是全院平均水平的1.27倍,居于全院第11位;人均部门预算财政拨款26.92万元,是全院平均水平的1.43倍,居于全院第10位;人均其他财政性拨款1.12万元,比全院平均水平低65.33%,居于全院第14位。

研究所08非财政性资金占全院的比重为4.41%,占研究所08总收入的比重为25.33%;人均非财政性资金10.85万元,居于全院第5位,是全院平均水平的2.06倍。

从收入总体情况分析,研究所08有如下优势:

一是财政资金占总收入的比重较大,人均财政资金略高于全院平均水平,居于全院的下游。

二是人均非财政性资金居全院第5位。

存在的不足主要是总收入比上年减少9.81%，增长率反而呈现下降趋势。

原因分析：研究所08相对全院各单位来说，财政性资金收入占收入比例比较低，获得稳定支持的财政性资金少。另外，竞争性课题争取能力仍然比较薄弱，其他财政拨款人均数偏低，比全院平均水平略低；非财政性资金收入受市场竞争激烈和竞争方式等外界因素影响，仍然不能稳定较快增长。

管理建议：广开门路，继续开拓资金来源，争取更多财政资金支持，提高竞争性课题获批率，特别是其他财政拨款和非财政性资金的来源，形成较为稳定的竞争性收入增长机制，增强综合实力。

（二）收入结构分析

2019年，研究所08非财政性资金与财政性资金之比为0.34，比全院平均水平高142.86%；人均非财政性资金与财政性资金之比为0.38，比全院平均水平高58.33%。说明研究所08资金结构中，财政性资金来源占了主要部分，但相对全院其他单位研究所08非财政性资金占总收入比例较高。

2019年，研究所08基本运行经费占总收入的比重为73.25%，比全院平均水平高16.17%；科研项目经费占总收入的比重为24.29%，比全院平均水平低0.71%；条件建设经费占总收入的比重为2.47%，比全院平均水平低15.45%。按总人数计算，研究所08人均基本运行经费为25.61万元，居于全院第4位；按科研人员数计算，人均科研项目经费为15.39万元；按财政补助人员计算，研究所08人均财政性基本运行经费为17.39万元；按在职人员计算，研究所08人均科研项目经费为11.37万元，人均条件建设经费1.15万元。

从收入结构分析，研究所08有如下优势：

一是非财政性资金与财政性资金之比比全院平均水平高，人均非财政性资金在全院排名第5位。

二是基本运行经费比较充足，比全院平均水平高，处在全院中上水平。

同时，也存在以下不足：

一是科研力量仍然比较薄弱，按科研人数计算，人均科研经费处于全院较低水平。

二是条件建设经费较少，条件建设经费总额比较少，人均大大低于全院平均水平，排名全院第 15 名。

三是非财政性资金收入主要为技术收入（检验、检测收入），科普活动收入和试制产品收入仍然偏低，总体仍然不能稳定增长。

原因分析：

一是本单位承担的主管部门等政府公益性监测任务非常繁重，单位检测业务骨干也是科研骨干，其精力和时间有限，难以兼顾两头，需要进一步理顺科研和检测工作的关系，促进科研、检测同步发展。农产品质量安全属新兴学科，较难引进高层次人才，中心科研队伍较年轻，承担重大项目基础相对薄弱。虽然近几年根据单位发展方向和需要引进了一批人员，但由于农产品质量安全学科起步较晚，科研基础较薄弱，创新团队的建设也需要一定的积累，目前申报和主持大型项目、申报国家奖的能力仍较弱。同时，根据国家科技改革方向，项目趋向于大整合，小的项目越来越少。

二是作为事业单位条件建设项目，特别是修缮购置项目，国家对事业单位的支持力度较小，人均条件建设经费偏低。

管理建议：强化科研管理，充分发挥人才优势，拓宽科研经费来源渠道，争取更加全面和均衡的经费。

（三）支出结构分析

2019 年，研究所 08 人均基本支出为 26.80 万元，比全院平均水平高 111.02%。其中，按在职在岗人员计算，人均人员支出为 21.49 万元，比全院平均水平高 33.07%；人均日常公用支出 9.93 万元，比全院平均水平高 20.36%。

按在职人员计算，研究所 08 人均工资为 16.89 万元，比全院平均水平高 22.57%。其中：人均基本工资 5.49 万元，比全院平均水平低 1.79%；人均绩效工资 11.41 万元，是全院平均水平的 1.39 倍；人均绩效工资是基本工资的 2.08 倍。研究所 08 按在职人员计算的人均绩效工资在全院处于中等偏上水平。

2019 年，研究所 08 用于在职人员经费的财政保障率为 54.77%，发放绩效工资的资金中有 22.48%来源于财政拨款。

按在职人员计算，使用财政性经费安排的日常公用支出人均为 7.65 万元，比全院平均水平高 41.4%；在职人员日常公用总支出是财政性支出的 1.3 倍，比全院平均水平低 15%。

2019 年，研究所 08 的“三公”经费及会议费等项目支出比上年大幅降低，按在职在岗人员计算，人均公务用车运行费为 0.17 万元，是全院平均水平的 1.42 倍；人均接待费为 0.03 万元，比上年升高 566.67%，是全院平均水平的 3 倍；人均出国(境)费 0 万元，比上年下降 100%；人均会议费为 0.09 万元，是全院平均水平的 69%。

从支出结构分析，分析研究所 08 有如下优势：

研究所 08 基本运行经费比较充足，人均基本运行费居全院第 2 位。

同时，也存在以下不足：

一是研究所 08 在职人员经费的财政保障率偏低，为 54.77%，位居全院第 13 位，处于较低水平，发放绩效工资的资金只有 22.48%来源于财政拨款，研究所 08 获取非财政资金的压力比较大。

原因分析：研究所 08 属于农业事业单位，相对于非营利所和科学事业单位，财政拨款的人员经费偏低，需要大量自有资金来弥补。

管理建议：强化科研管理，充分发挥人才优势，拓宽科研经费来源渠道，争取更加全面和均衡的经费；继续开拓资金来源，特别是非财政性资金的渠道，形成较为稳定的竞争性收入。

(四)竞争能力分析

2019 年，按从业人员数计算，研究所 08 的人均市场竞争收入为 10.57 万元，是全院平均水平的 2.72 倍，位居全院第 3 位，说明研究所 08 市场竞争能力较强。按在职人员数计算，人均竞争性科研项目经费为 9.17 万元，是全院平均水平的 87.75%，位居全院第 11 位；按科研人员数计算，人均竞争性科研项目经费为 12.41 万元，是全院平均水平的 62.45%，位居全院第 12 位。分析研究所 08 的市场竞争水平在全院排在中上水平，但作为农业事业单位，其科研项目经费的竞争能力相对不足。

从竞争能力分析，研究所 08 有如下优势：

研究所 08 人均市场竞争性收入高于全院平均水平，在院各单位中排名靠前，市场竞争性收入的能力较强。

同时，也存在以下不足：

按科研人员数计算，人均竞争性科研项目经费低于全院平均水平，争取科研经费的能力较弱，在院各单位中排名较后。

原因分析：研究所 08 检验检测任务比较繁重，加上科研起步较晚，科研基础相对薄弱，科研人员申报科研项目的能力有待提高。

管理建议：强化科研管理，充分发挥人才优势，拓宽科研经费来源渠道，争取更加全面和均衡的经费。

（五）发展水平分析

2019 年，从收入变化来看，研究所 08 的人均收入比上年降低 10.84%，增长率比全院平均水平低 19.58%，位居全院第 15 位，其中，人均非财政性资金比上年降低 15.6%，比全院平均水平低 32.67%。从竞争性收入变化来看，从业人员人均竞争性收入比上年降低 13.79 %，比全院平均水平低 28.95 %，科研人员人均竞争性科研项目经费比上年增加 23.29 %，比全院平均水平低 24.93%。

从发展水平分析，研究所 08 有如下优势：

人均竞争性科研项目经费与上年相比，增加幅度较大。

同时，也存在以下不足：

人均竞争性收入比上年减少，低于全院平均水平。

原因分析：由于市场竞争比较大，研究所 08 创收跟上年相比有所下降，人均收入增长率、人均非财政资金增长率、从业人员人均市场竞争收入增长率都处于全院较低水平，排名为全院第 15、16 位。

管理建议：进一步深入剖析问题，加强增收节支的方式和方法，重点培育增收项目，拓展各种项目申报渠道。

（六）财政保障程度分析

2019 年，研究所 08 的人员经费财政保障率为 55.42%，比全院平均水平低 29.14%，排在全院第 14 位；绩效工资中财政性经费所占的比例为 22.48%，比全院平均水平低 62.47%，排在全院第 12 位；在编在职人员支出财政保障率为

54.77%，比全院平均水平低 32.05%，排在全院第 13 位；日常公用支出财政保障率为 77.07%，比全院平均水平高 17.57%，排在全院第 5 位。

从财政保障程度分析，研究所 08 有如下不足：

一是人员经费财政保障率偏低，排在全院中下水平。

二是绩效工资财政保障偏低，财政保障率仅为 22.48%，全院排名第 12 位，处于较低水平。

原因分析：作为农业事业单位，部门预算人员经费财政性资金保障率较低。

管理建议：积极争取增加部门预算财政性资金保障水平。

（七）财力保障水平评价

按设定的指标体系和评价方法计算，研究所 08 的财力保障总体水平在全院 17 家单位中居于第 4 位，比上年下降了 2 位。具体来看，经济实力在全院各单位中居第 9 位，比上年下降了 7 位；筹资能力在全院各单位中居于第 3 位，与上年位次一致；资金支付能力在全院各单位中居于第 4 位，比上年下降了 2 位。

研究所 08 的财力保障总体水平较高，财政拨款水平低，但单位自身创收能力相对强，经济总量较大，经济实力相对较强；由于经济创收能力较强，单位在财力统筹安排上有较大的空间和灵活度，因此能较好地保障单位基本运行的经费需求，单位的支付能力表现突出。

从财政保障程度分析，研究所 08 总体情况如下：

一是总体经济实力处于全院中等水平，较上年下降了 7 位，主要表现为总收入、财政性资金、非财政性资金、基本运行经费都处于中等水平，较上年有所下降，人均科研经费指标低于全院平均水平。

二是筹资能力处于全院中上水平，主要表现为人均市场竞争性收入高于全院平均水平，但科研人员人均竞争性科研项目经费、非财政性资金人均收入增长变动低于全院平均水平。

三是资金支付能力较强。主要表现为基本运行支出、人员支出、公用支出等人均值较高，在职人员绩效工资是基本工资的 2.08 倍。

但通过总体分析，也存在如下问题：

一是总体经济实力较上年下降了 7 位，本年总收入降低，主要是本研究所财政性资金收入低，而院大部分其他单位财政性资金收入都上升，另外研究所非财政性资金收入未能稳定增长，科研竞争力弱获批经费也少。

二是筹资能力虽强，但科研人员竞争性科研项目经费竞争水平较低，经费人均水平也低，收入特别是非财政性资金的收入呈递减的趋势。

三是用于确保运转的基本支出经费比重较大，安排用于基础条件建设和事业发展的经费比重偏低，不利于单位的长期可持续发展。

存在问题的原因分析：

其一，科研经费人均水平偏低的原因：科研起步较晚，科研基础相对薄弱，科研人员申报科研项目的能力有待提高。

其二，创收收入逐年减少的原因：受市场竞争越来越激烈和竞争方式等外界因素影响，仍然不能稳定较快增长。

改进管理的建议：

其一，强化科研管理，拓展科研经费来源渠道。做好战略管理，积极推进现代科研院所管理体系建设，让科研方向更加符合国家政策和发展战略，多渠道争取科研项目经费。

其二，加强开发创收，增强经济实力。继续加强开发创收，利用自有优势，多渠道开拓创收竞争性收入来源渠道。稳增创收收入，增强经济实力。

其三，加强财务管理，统筹资金安排。完善财务内部控制制度，加强财务管理，广泛使用财务管理信息系统，财务日常核算转变财务统筹管理，为研究所08发展提供合理的建议和规划。

表5—49　　研究所08财力保障水平指标测评结果　　单位：万元

项　目	上年指标值	当年指标值	当年全院平均	当年全院位次
1.收入情况				
人均总收入	39.22	34.96	21.95	11
人均财政性资金	30.74	28.04	22.04	11
财政性资金占其总收入的比重(%)	72.93	74.67	87.5	15
财政性资金占全院的比重(%)	2.12	1.86	/	14
人均部门预算财政拨款	27.22	26.92	18.82	10

续表

项　目	上年指标值	当年指标值	当年全院平均	当年全院位次
人均其他财政性拨款	3.53	1.12	3.23	14
人均非财政性资金	12.86	10.85	5.26	5
非财政性资金占其总收入的比重(%)	27.07	25.33	12.5	3
非财政性资金占全院的比重(%)	5.79	4.41	/	10
非财政性资金与财政性资金之比	0.37	0.34	0.14	/
人均非财政性资金与财政性资金之比	0.42	0.38	0.24	/
总收入增长率(%)	—1.66	—9.8	6.22	15
基本运行经费占总收入比例(%)	79.48	73.25	57.08	2
科研项目经费占总收入比例(%)	15.56	24.29	25.00	11
条件建设经费占总收入比例(%)	4.86	2.47	17.92	15
人均基本运行经费	31.17	25.61	12.53	4
人均财政性基本运行经费	21.95	17.39	10.98	7
在职在岗人员人均科研项目经费	8.12	11.37	19.14	12
科研人员人均科研项目经费	12	15.39	27.4	12
在编在职人员人均条件建设经费	2.52	1.15	9.75	15
2.支出情况				
人均基本运行支出	31.19	26.8	12.7	2
在职在岗人员人均支出	19.55	21.49	16.15	2
离休人员人均支出	13.26	13.64	22.87	5
退休人员人均支出	3.93	3.16	2.89	7
在职人员人均工资	15.80	16.89	13.78	6
在职人员人均基本工资	4.99	5.49	5.59	12
在职人员人均绩效津贴	10.81	11.41	8.2	3

续表

项 目	上年指标值	当年指标值	当年全院平均	当年全院位次
在职人员人均绩效津贴是基本工资的倍数	2.17	2.08	1.47	3
在职在岗人员人均日常公用支出	16.40	9.93	8.25	8
在职人员人均财政性日常公用支出	6.65	7.65	5.41	6
在职人员日常公用总支出是财政性支出的倍数	2.47	1.3	1.53	13
在职在岗人员人均公务用车运行费	0.19	0.17	0.12	7
在职在岗人员人均接待费	0.00	0.03	0.01	3
在职在岗人员人均出国(境)费	0.01	0	0.43	12
在职在岗人员人均会议费	0.07	0.09	0.13	11
3.竞争能力				
从业人员人均市场竞争收入	12.27	10.57	3.89	3
在职在岗人均竞争性科研项目经费	6.82	9.17	10.45	11
科研人员人均竞争性科研项目经费	10.07	12.41	19.87	12
4.发展水平				
人均收入增长率(%)	−1.66	−10.84	8.74	15
人均非财政性资金增长率(%)	−12.24	−15.6	17.07	16
从业人员人均市场竞争收入增长率(%)	−14.40	−13.79	15.16	15
科研人员人均竞争性科研项目经费增长率(%)	6.60	23.29	48.22	11
5.财政保障率				
人员经费财政保障率(%)	58.24	55.42	78.21	14
绩效工资中财政性经费所占的比例(%)	30.22	22.48	59.9	12
在编在职人员支出财政保障率(%)	56	54.77	80.6	13
日常公用支出财政保障率(%)	40.52	77.07	65.55	5

表 5—50　　研究所 08 财力保障水平评价结果

评价指标			得分	全院位次
总体评价结果			438.92	4
1	经济实力评价结果		155.7	9
1.1	其中	人均总收入	159.29	10
1.2		人均财政性资金	127.22	10
1.3		人均非财政性资金	206.36	5
1.4		人均基本运行经费	204.39	4
1.5		人均科研经费	81.25	11
2	筹资能力评价结果		130.69	3
2.1	其中	人均市场竞争性收入	274.67	3
2.2		科研人员人均竞争性科研项目经费	62.47	12
2.3		人均总收入增长变动	80.42	15
2.4		非财政性资金人均收入增长变动	67.33	16
3	资金支付能力评价结果		152.53	4
3.1	其中	人均基本运行支出	210.99	2
3.2		人均人员支出	205.13	2
3.3		人均公用支出	120.32	3
3.4		在职人员绩效工资是基本工资的倍数	141.4	3
3.5		日常公用总支出是财政性公用支出的倍数	84.81	13

十、研究所 09 财力保障水平分析报告(2019)

(一)总体收入情况分析

2019 年,研究所 09 总收入为 5 994.02 万元,比上年增加了 24.45%,比全院平均增长率高 8.74%;人均总收入为 38.18 万元,是全院平均水平的 1.74 倍。

研究所 09 财政性资金为 5 583.24 万元,占全院的比重为 4.56%,占研究所 09 总收入的比重为 93.15%;人均财政性资金为 36.98 万元,是全院平均水平的 1.68 倍,居于全院第 7 位;人均部门预算财政拨款为 31.11 万元,是全院平均水平的 1.65 倍,居于全院第 7 位;人均其他财政性拨款为 5.86 万元,比全院平均水平高 44.88%，居于全院第 5 位。

研究所 09 非财政性资金为 410.78 万元，占全院的比重为 2.35%，占研究所 09 总收入的比重为 6.85%；人均非财政性资金为 4.89 万元，居于全院第 11 位，是全院平均水平的 0.93 倍。

从收入总体情况分析，研究所 09 有如下优势：

一是总收入持续增长，资金量逐年提高。

二是人均其他财政性拨款较上年有所增长，争取中央其他部门和地方各级政府等的竞争性项目增加。

同时，也存在以下不足：

一是财政性资金占收入比重高，财政性资金波动对单位的影响较大。

二是人均非财政性资金相对较低，单位创收能力不足。

原因分析：该所近年来发展日趋稳定，科研水平不断增强，但科研竞争能力不稳定，科技成果转化水平相对较低，导致技术创新、科普活动、科研试制品等创收乏力。

管理建议：加大科研创新、科技推广力度，加强科研产品的开发与市场的有机结合。

（二）收入结构分析

2019 年，研究所 09 的非财政性资金与财政性资金之比为 0.07 ，比全院平均水平低 50%；人均非财政性资金与财政性资金之比为 0.13，比全院平均水平低 45.83%。说明在研究所 09 的资金结构中，财政性资金来源占了主要部分。

2019 年，研究所 09 的基本运行经费占总收入的比重为 35.62%，比全院平均水平低 21.46%；科研项目经费占总收入的比重为 34.39%，比全院平均水平高 9.39%；条件建设经费占总收入的比重为 29.99%，比全院平均水平高 12.07%。按总人数计算，研究所 09 的人均基本运行经费为 13.6 万元，居于全院第 11 位；按科研人员数计算，人均科研项目经费为 40.41 万元；按财政补助人员计算，研究所 09 的人均财政性基本运行经费为 11.25 万元；按在职人员计算，研究所 09 人均科研项目经费为 26.42 万元，人均条件建设经费为 23.05 万元。

从收入结构分析，研究所 09 有如下优势：

人均科研项目经费处于全院较高水平，科研项目竞争能力较强。

同时，也存在以下不足：

一是人均基本运行经费处于全院较低水平，运行经费缺乏保障。

二是人均条件建设经费虽较上年有所增加，但条件建设项目相对不稳定。

原因分析：财政基本运行经费较上年有所降低，人才引进不断增加；该所仍处于探索发展阶段，基础条件落后，人才引进、条件建设等需求量大。

管理建议：加强对该所基本运行经费及条件建设经费投入的支持力度。

（三）支出结构分析

2019 年，研究所 09 人均基本支出为 13.16 万元，比全院平均水平高 0.46%。其中，按在职在岗人员计算，人均人员支出为 13.74 万元，比全院平均水平低 14.92%；人均日常公用支出为 6.81 万元，比全院平均水平低 17.45%。

按在职人员计算，研究所 09 人均工资为 11.39 万元，比全院平均水平低 17.34%。其中：人均基本工资 5.17 万元，比全院平均水平低 7.5%；人均绩效工资 6.22 万元，是全院平均水平的 0.76 倍；人均绩效工资是基本工资的 1.2 倍。研究所 09 按在职人员计算的人均绩效工资在全院处于较低水平。

2019 年，研究所 09 用于在职人员经费的财政保障率为 83.2%，发放绩效工资的资金有 63%来源于财政拨款。

按在职人员计算，使用财政性经费安排的日常公用支出人均为 5.33 万元，比全院平均水平低 1.48%；在职人员日常公用总支出是财政性支出的 1.28 倍，是全院平均水平的 84%。

2019 年，研究所 09 的“三公”经费及会议费等项目支出比上年大幅降低，按在职在岗人员计算，人均公务用车运行费为 0.18 万元，是全院平均水平的 1.5 倍；人均接待费为零，比上年降低 64.71%；人均出国（境）费为 0.31 万元，比上年增加 6.89%，比全院平均水平低 27.91%；人均会议费为 0.08 万元，是全院平均水平的 62%。

从支出结构分析，研究所 09 有如下优势：

一是厉行节约，“三公”经费较上年有所减少，其中接待费较往年有了大幅降低；

二是人员经费及绩效工资的财政保障率较高。

同时，也存在以下不足：

一是人均基本支出在全院处于较低水平；

二是人均人员经费、人工工资总收入在全院处于较低水平。

原因分析：单位创收能力相对较弱，日常运转支出、人员经费支出严重依赖财政资金，单位经费日趋紧张。

管理建议：提升单位的科技成果转化能力，缓解绩效工资压力；加强内控体系建设，合理控制基本支出开支；加大对基本支出经费的争取力度。

（四）竞争能力分析

2019 年，按从业人员数计算，研究所 09 的人均市场竞争收入为 3.76 万元，是全院平均水平的 97%倍，位居全院第 11 位，说明研究所 09 市场竞争能力较弱。按在职人员数计算，人均竞争性科研项目经费为 15.19 万元，是全院平均水平的 1.45 倍，位居全院第 4 位；按科研人员数计算，人均竞争性科研项目经费为 23.24 万元，是全院平均水平的 1.17 倍，位居全院第 5 位。研究所 09 的市场竞争水平在全院处于较低水平，其科研项目经费的竞争能力相对较高。

从竞争能力分析，研究所 09 有如下优势：

竞争性科研经费在全院处于较高水平。

同时，也存在以下不足：

竞争性收入单一、规模较小，主要集中在试制产品收入，不利于单位的综合发展。

原因分析：该单位现阶段科研水平有限，竞争力收入来源主要为实验基地的科研技术农产品收入，科研创收综合能力不足。

管理建议：加强科研投入，加强科研试制产品的开发，努力开拓市场，提高科研创收综合能力。

（五）发展水平分析

2019 年，从收入变化来看，研究所 09 人均收入比上年增长 25.24%，比全院平均水平高 15.5%，位居全院第 7 位，其中，人均非财政性资金比上年降低 15.63%，比全院平均水平低 32.7%。从竞争性收入变化来看，从业人员的人均竞争性收入比上年降低 20.55%，比全院平均水平低 35.71%，科研人员人均竞争性科研项目经费比上年增加 64.84%，比全院平均水平高 16.62%。

从发展水平分析，研究所 09 有如下优势：

一是人员总收入较上年有所增加，整体发展呈上升趋势；

二是人均竞争性科研项目经费较高，处于全院前列水平。

同时，也存在以下不足：

单位自主创收能力不足，人均非财政性资金、人均市场竞争收入较低。

原因分析：随着单位人员的增长与发展的稳定，各项开支不断加大，创收压力增大。

管理建议：继续加大对竞争性科研项目的争取力度，提升单位的整体科研实力；提高科研创收能力，合理引进人才及控制各项支出。

（六）财政保障程度分析

2019 年，研究所 09 人员经费财政保障率为 83.83%，比全院平均水平高 5.62%，排在全院第 5 位；绩效工资中财政性经费所占的比例为 63%，比全院平均水平高 3.1%，排在全院第 5 位；在编在职人员支出财政保障率 83.2%，比全院平均水平高 2.6%，排在全院第 5 位；日常公用支出财政保障率为 78.25%，比全院平均水平高 12.8%，排在全院第 4 位。

从财政保障程度分析，研究所 09 有如下优势：

人员经费、绩效工资及日常公用支出财政保障率水平较高。

同时，也存在以下不足：

人员经费、绩效工资及日常公用支出的总体水平较低。

原因分析：单位创收能力较弱，对财政资金的依赖程度较高，不利于单位的整体发展。

管理建议：加强科研投入，加强科研试制产品的开发，努力开拓市场，提高单位的创收能力，多渠道提升单位的保障水平。

(七)财力保障水平评价

按设定的指标体系和评价方法计算,研究所09的财力保障总体水平在全院17家单位中居于第12位,与上年水平一致。具体来看,经济实力在全院各单位中居第10位,比上年下降了1位;筹资能力在全院各单位中居于第12位,比上年下降了3位;资金支付能力在全院各单位中居于第14位,与上年水平持平。

研究所09的财力保障总体水平较低,其中经济实力、筹资能力处于中等偏下水平,资金支付能力处于较低水平。

通过总体分析,其存在如下问题:

一是创收水平较低、结构单一,创收能动性不足;竞争性科研项目经费不稳定,较上年有所减少;人才引进不断增加,总体经济实力、筹资能力各项人均指标较上年下降明显。

二是单位对财政资金依赖严重,非财政资金支付不足,资金支付能力较弱。

三是用于确保运转的基本支出经费比重较大,安排用于基础条件建设和事业发展的经费比重偏低,不利于单位的长期可持续发展。

存在问题的原因分析:

一是该单位科研人员基数较低,拉高了评分的人均值,实际上科研经费总量仍相对较低;科研项目经费来源不均衡,稳定支持的科研项目经费及中央预算科研财政项目经费相对较低;科研竞争能力不够稳定、持续;同时由于单位的整体规模、发展能力、基础条件、科研水平相对不足,整体的发展缺乏动力,受各项政策措施的影响较大,抗风险能力不足。

二是相对上年的科技创收能力没有持续创新,单位的整体市场竞争力水平较低,与上年相比竞争水平有所降低,相比全院平均人均市场竞争收入还有相当的差距。同时受限于创收能力的不足,单位人均人员支出及绩效工资占基本工资比也处于较低水平。

改进管理的建议:

一是统筹规划单位发展,合理引进人才,优化人才队伍,壮大科研团队。

二是加强科研示范基地建设,加强科研创新力度,加强科研试制产品的研制,提升单位市场竞争力。

三是继续加强对其他财政拨款等竞争项目的申请力度，提升单位的科研竞争水平。

四是加强内控体系建设，合理控制安排支出，减少不必要的开支。

表 5—51　　研究所 09 财力保障水平指标测评结果　　单位：万元

项　目	上年指标值	当年指标值	当年全院平均	当年全院位次
1. 收入情况				
人均总收入	30.48	38.18	21.95	8
人均财政性资金	29.02	36.98	22.04	7
财政性资金占其总收入的比重(%)	89.77	93.15	87.50	4
财政性资金占全院的比重(%)	3.73	4.56	/	10
人均部门预算财政拨款	25.79	31.11	18.82	7
人均其他财政性拨款	3.22	5.86	3.23	5
人均非财政性资金	5.8	4.89	5.26	11
非财政性资金占其总收入的比重(%)	10.23	6.85	12.50	14
非财政性资金占全院的比重(%)	3.13	2.35	/	15
非财政性资金与财政性资金之比	0.11	0.07	0.14	/
人均非财政性资金与财政性资金之比	0.2	0.13	0.24	/
总收入增长率(%)	50.74	24.45	6.22	4
基本运行经费占总收入比例(%)	46.25	35.62	57.08	/
科研项目经费占总收入比例(%)	32.99	34.39	25.00	/
条件建设经费占总收入比例(%)	20.76	29.99	17.92	/
人均基本运行经费	14.1	13.60	12.53	11
人均财政性基本运行经费	11.47	11.25	10.98	9

续表

项　目	上年指标值	当年指标值	当年全院平均	当年全院位次
在职在岗人员人均科研项目经费	20.91	26.42	19.14	4
科研人员人均科研项目经费	31.16	40.41	27.40	1
在编在职人员人均条件建设经费	13.16	23.05	9.75	3
2.支出情况				
人均基本运行支出	11.28	13.16	12.7	12
在职在岗人员人均支出	12.22	13.74	16.15	14
离休人员人均支出	/	/	22.87	/
退休人员人均支出	1.43	3.20	2.89	8
在职人员人均工资	11.35	11.39	13.78	15
在职人员人均基本工资	4.28	5.17	5.59	15
在职人员人均绩效津贴	7.08	6.22	8.20	14
在职人员人均绩效津贴是基本工资的倍数	1.66	1.20	1.47	14
在职在岗人员人均日常公用支出	6.83	6.81	8.25	10
在职人员人均财政性日常公用支出	5.81	5.33	5.41	8
在职人员日常公用总支出是财政性支出的倍数	1.18	1.28	1.53	14
在职在岗人员人均公务用车运行费	0.23	0.18	0.12	4
在职在岗人员人均接待费	0.00	0.00	0.01	/
在职在岗人员人均出国(境)费	0.3	0.31	0.43	8
在职在岗人员人均会议费	0.1	0.08	0.13	11
3.竞争能力				
从业人员人均市场竞争收入	4.06	3.76	3.89	11
在职在岗人均竞争性科研项目经费	11.31	15.19	10.45	4
科研人员人均竞争性科研项目经费	16.02	23.24	19.87	5

续表

项 目	上年指标值	当年指标值	当年全院平均	当年全院位次
4. 发展水平				
人均收入增长率(%)	9.57	25.24	8.74	7
人均非财政性资金增长率(%)	7.80	—15.63	17.07	17
从业人员人均市场竞争收入增长率(%)	5.06	—20.55	15.16	16
科研人员人均竞争性科研项目经费增长率(%)	—17.16	64.84	48.22	3
5. 财政保障率				
人员经费财政保障率(%)	77.42	83.83	78.21	5
绩效工资中财政性经费所占的比例(%)	65.91	63.00	59.90	5
在编在职人员支出财政保障率(%)	80.34	83.20	80.60	5
日常公用支出财政保障率(%)	92.03	78.25	65.55	4

表 5—52　　研究所 09 财力保障水平评价结果

评价指标			得分	全院位次
总体评价结果			338.35	12
1	经济实力评价结果		146.42	10
1.1	其中	人均总收入	173.93	8
1.2		人均财政性资金	167.76	7
1.3		人均非财政性资金	92.97	11
1.4		人均基本运行经费	108.53	11
1.5		人均科研经费	188.88	3
2	筹资能力评价结果		101.15	12
2.1	其中	人均市场竞争性收入	97.67	11
2.2		科研人员人均竞争性科研项目经费	116.95	5
2.3		人均总收入增长变动	116.50	7
2.4		非财政性资金人均收入增长变动	67.30	17

续表

评价指标			得分	全院位次
3	资金支付能力评价结果		90.79	14
3.1	其中	人均基本运行支出	103.63	12
3.2		人均人员支出	102.38	15
3.3		人均公用支出	82.52	10
3.4		在职人员绩效工资是基本工资的倍数	81.90	14
3.5		日常公用总支出是财政性公用支出的倍数	83.52	14

十一、研究所10财力保障水平分析报告(2019)

(一)总体收入情况分析

2019年,研究所10总收入比上年增加了35.98%,比全院平均增长率高29.76%;人均总收入为26.7万元,是全院平均水平的1.22倍。

研究所10财政性资金占全院的比重为1.52%,占研究所10总收入的比重为73.94%;人均财政性资金为19.96万元,是全院平均水平的0.91倍,居于全院第13位;人均部门预算财政拨款为19.84万元,是全院平均水平的1.05倍,居于全院第13位;人均其他财政性拨款为0.12万元,比全院平均水平低96.43%,居于全院第15位。

研究所10非财政性资金占全院的比重为3.74%,占研究所10总收入的比重为26.06%;人均非财政性资金为15.96万元,居于全院第2位,是全院平均水平的3.04倍。

从收入总体情况分析,研究所10有如下优势:

一是总收入及人均总收入均有所增长;

二是人均非财政性资金位居全院第2位。

同时,也存在以下不足:财政性资金收入偏低,财政性资金主要依靠农业农村部下达的部门预算财政拨款,其他财政资金少。

原因分析:2019年人均总收入增长主要受该年新增600万元基建项目经费的影响;研究所10代管院及研究所12、研究所06在湛江院区部分资产以及转移的离退休人员等，在基础科研和应用科研领域发展能力偏弱，财政性资金收入主要依靠上级主管部门下达的部门预算财政拨款资金，争取其他中央部门和地方财政等资金的能力和水平偏低。

管理建议：进一步明确单位职能定位，争取更多财政性资金支持，尤其是用于履行科研职责任务及单位发展的资金，继续拓宽各项目资金的来源渠道。

（二）收入结构分析

2019 年，研究所 10 非财政性资金与财政性资金之比为 0.35，比全院平均水平高 151.79%；人均非财政性资金与财政性资金之比为 0.8，比全院平均水平高 233.23%。

2019 年，研究所 10 基本运行经费占总收入的比重为 60.33%，比全院平均水平高 3.24%；科研项目经费占总收入的比重为 7.88%，比全院平均水平低 17.11%；条件建设经费占总收入的比重为 31.79%，比全院平均水平高 13.87%。按总人数计算，研究所 10 人均基本运行经费为 16.11 万元，居于全院第 9 名；按科研人员数计算，人均科研项目经费为 11 万元；按财政补助人员计算，研究所 10 人均财政性基本运行经费为 9.3 万元；按在职人员计算，研究所 10 人均科研项目经费为 4.95 万元，人均条件建设经费为 19.95 万元。

从收入结构分析，研究所 10 的优势主要表现为基本运行经费高于全院平均水平。

同时，也存在以下不足：

一是科研项目经费太低，将影响单位科研任务的开展、科研成果转化等。

二是虽然该所人均非财政性资金位居全院第 2 名，但绝大部分是租赁所得。

原因分析：该所科研项目经费支持力度不大，争取竞争性项目能力不强，科研基础条件及人员配备较弱，未能争取较多的项目经费。

管理建议：强化科研人员技能，加强与其他院所、企业的合作交流，同时加强与地方政府部门的沟通，进一步提高对国家政策的把握能力，切实提高项目申报质量，拓宽经费来源渠道，加强科研基础设施建设，提高竞争能力；加强非财政资金除租赁收入外的其他创收来源。

(三)支出结构分析

2019 年,研究所 10 人均基本支出 16.01 万元,比全院平均水平高 26.08%。其中,按在职在岗人员计算,人均人员支出为 18.36 万元,比全院平均水平高 13.68%;人均日常公用支出为 13.54 万元,比全院平均水平高 64.18%。

按在职人员计算,研究所 10 人均工资为 15.58 万元,比全院平均水平高 13%。其中:人均基本工资 5.43 万元,比全院平均水平低 2.79%;人均绩效工资 10.15 万元,是全院平均水平的 1.24 倍;人均绩效工资是基本工资的 1.87 倍。研究所 10 按在职人员计算的人均绩效工资在全院处于中上水平。

2019 年,研究所 10 用于在职人员经费的财政保障率为 59.71%,发放绩效工资的资金有 36.10%来源于财政拨款。

按在职人员计算,使用财政性经费安排的日常公用支出人均为 4.8 万元,比全院平均水平低 11.20%;在职人员人均日常公用总支出是财政性支出的 2.82 倍,比全院平均水平高 1.30 倍。

2019 年研究所 10 的“三公”经费及会议费支出情况:2019 年继续落实中央八项规定,“三公”经费均有所降低;按在职在岗人员计算,人均公务用车运行费为 0.28 万元,比上年降低 11.53%,是全院平均水平的 2.32 倍;人均接待费为 0.01 万元,比上年降低 50.63%,与全院平均水平持平;人均出国(境)费 0 元,与上年一致;人均会议费为 0.29 万元,是全院平均水平的 2.12 倍。

从支出结构分析,研究所 10 有如下优势:人均人员经费和人均日常公用经费各方面都高于全院平均水平。

同时,也存在以下不足:

一是出国(境)费连续几年为零,单位境外交流合作能力有待进一步提升;

二是人员经费和日常公用经费的财政保障率低于全院平均水平。

管理建议:引进人才,创新制度,加强对青年骨干的培养力度,争取各渠道财政资金支持,加强对外合作与交流。继续严格执行《党政机关厉行节约反对浪费条例》,保障“三公”经费只减不增。

(四)竞争能力分析

2019 年,按从业人员数计算,研究所 10 的人均市场竞争收入为 1.81 万元,是全院平均水平的 0.46 倍，位居全院第 15 位，说明研究所 10 市场竞争能力较弱。按在职人员数计算，人均竞争性科研项目经费为 1.65 万元，是全院平均水平的 15.76%，位居全院第 13 位；按科研人员数计算，人均竞争性科研项目经费为 3.66 万元，是全院平均水平的 18.43%，位居全院第 13 位。研究所 10 的市场竞争水平在全院排在较后，其科研项目经费的竞争能力相对比较弱。

从竞争能力分析，研究所 10 的优势主要表现为经营收入位居全院第 3 位。

同时，也存在以下不足：研究所 10 的科研竞争水平和科研创新能力偏弱，竞争性科研项目经费能力不足，无科普活动收入、学术活动收入等。

原因分析：研究所 10 的单位职能偏向于科研管理服务及辅助，科研水平有限，竞争力弱，近几年呈现出部分科研人员转向科研实力更强的其他平台进行项目申报的趋势。

管理建议：建议强化科研队伍建设，加强科研投入，强化科技成果转化力度，从多方面挖掘市场竞争收入，扩大科研经费来源渠道，提高创收综合能力。

（五）发展水平分析

2019 年，从收入变化来看，研究所 10 的人均收入比上年增长 33.08%，比全院平均水平高 24.35%，位居全院第 5 位，其中，人均非财政性资金比上年增长 0.68%，比全院平均水平低 16.40%。从竞争性收入变化来看，从业人员的人均竞争性收入比上年降低 20.84%，比全院平均水平低 32.37%，科研人员的人均竞争性科研项目经费比上年减少 44.49%，比全院平均水平低了 81.57%。

从发展水平分析，研究所 10 的优势主要为总收入比上年有所提高。

同时，也存在科研人均竞争性项目经费远远低于平均水平的不足。

原因分析：该所科技实力偏弱。

管理建议：加快培育新的增长点，切实提高单位的发展动力，逐步增强单位科研实力，加大科研创新、科技推广力度，加强科研产品的开发。

（六）财政保障程度分析

2019 年，研究所 10 的人员经费财政保障率为 66.21%，比全院平均水平低 12%，排在全院第 11 位；绩效工资中财政性经费所占的比例为 36.10%，比全院平均水平低 23.80%，排在全院第 9 位；在编在职人员支出财政保障率为 59.71%，比全院平均水平低 20.89%，排在全院第 11 位；日常公用支出财政保障率为 35.45%，比全院平均水平低 30.10%，排在全院第 16 位。

从财政保障程度分析，研究所 10 存在以下不足：财政资金保障力度有待进一步提升，人员经费、日常公用经费、在职人员绩效工资的财力保障力度均低于全院平均水平。

管理建议：加强与相关部门沟通协调，多争取财政资金的支持。

（七）财力保障水平评价

按设定的指标体系和评价方法计算，研究所 10 财力保障总体水平在全院 17 家单位中居于第 11 位，与上年一致。具体来看，经济实力在全院各单位中居第 11 位，比上年下降了 3 位；筹资能力在全院各单位中居于第 17 位，比上年下降了 2 位；资金支付能力在全院各单位中居于第 5 位，比上年上升了 1 位。

研究所 10 的财力保障总体水平较低，全院靠后，主要原因如下：

一是研究所 10 总体收入水平不高，单位自身筹资能力弱，主要表现为竞争性收入、竞争性科研项目经费收入太低。

二是安排用于事业发展的经费比重偏低，不利于单位的长期可持续发展，影响单位综合实力及正常履职能力。

三是财政经费偏低，经济实力不强，保障水平不高，虽然人均非财政性资金收入高，但主要依赖于不动产租赁收入。

存在问题的原因分析：该所科研基础薄弱，用于科研的基地、实验室等科研基础条件有待加强，研究所 10 的单位职能偏向于科研管理服务及辅助，科研竞争力弱，近几年部分科研人员转向科研实力更强的其他平台进行项目申报。

改进管理的建议：

其一，强化科研管理，加强顶层设计，多渠道、多部门联合攻关，拓展科研经费来源渠道，加强实验基地和实验室等基础条件建设，加快科研转型步伐，以市场为导向，坚持特色、突出重点，集中力量发展重点主导产业。

其二，加强开发创收，增强经济实力。提高市场竞争力，推行科技创新引领单位经济发展。

其三，加强财务管理，围绕单位长期规划与工作重点，统筹资金安排。加强内控体系建设，提高资金运行效率，完善相关制度建设。

表 5—53　　研究所 10 财力保障水平指标测评结果　　单位：万元

项　目	上年指标值	当年指标值	当年全院平均	当年全院位次
1. 收入情况				
人均总收入	20.07	26.7	21.95	12
人均财政性资金	13.35	19.96	22.04	13
财政性资金占其总收入的比重(%)	66.52	73.94	87.5	16
财政性资金占全院的比重(%)	1.06	1.52	/	16
人均部门预算财政拨款	12.61	19.84	18.82	13
人均其他财政性拨款	0.74	0.12	3.23	15
人均非财政性资金	15.85	15.96	5.26	2
非财政性资金占其总收入的比重(%)	33.48	26.06	12.50	2
非财政性资金占全院的比重(%)	3.92	3.74	/	12
非财政性资金与财政性资金之比	0.5	0.35	0.14	2
人均非财政性资金与财政性资金之比	1.19	0.8	0.24	2
总收入增长率(%)	−7.84	35.98	6.22	3
基本运行经费占总收入比例(%)	77.15	60.33	57.08	6
科研项目经费占总收入比例(%)	12.12	7.88	25	14
条件建设经费占总收入比例(%)	10.73	31.79	17.92	3
人均基本运行经费	15.48	16.11	12.53	9
人均财政性基本运行经费	8.77	9.3	10.98	11
在职在岗人员人均科研项目经费	5.74	4.95	19.14	13
科研人员人均科研项目经费	12.43	11	27.4	13
在编在职人员人均条件建设经费	5.08	19.95	9.75	4

续表

项　目	上年指标值	当年指标值	当年全院平均	当年全院位次
2. 支出情况				
人均基本运行支出	15.48	16.01	12.7	10
在职在岗人员人均支出	18.95	18.36	16.15	7
离休人员人均支出	/	/	22.87	/
退休人员人均支出	3.57	2.67	2.89	10
在职人员人均工资	17.38	15.58	13.78	7
在职人员人均基本工资	5.59	5.43	5.59	13
在职人员人均绩效津贴	11.79	10.15	8.2	7
在职人员人均绩效津贴是基本工资的倍数	2.11	1.87	1.47	5
在职在岗人员人均日常公用支出	9.8	13.54	8.25	3
在职人员人均财政性日常公用支出	4.79	4.8	5.41	10
在职人员日常公用总支出是财政性支出的倍数	2.05	2.82	1.53	3
在职在岗人员人均公务用车运行费	0.33	0.28	0.12	3
在职在岗人员人均接待费	0.02	0.01	0.01	12
在职在岗人员人均出国(境)费	0	0	0.43	/
在职在岗人员人均会议费	0.06	0.29	0.13	3
3. 竞争能力				
从业人员人均市场竞争收入	2.28	1.81	3.89	15
在职在岗人均竞争性科研项目经费	3.04	1.65	10.45	13
科研人员人均竞争性科研项目经费	6.6	3.66	19.87	13
4. 发展水平				
人均收入增长率(%)	−7	33.08	8.74	5
人均非财政性资金增长率(%)	−12.30	0.68	17.07	13
从业人员人均市场竞争收入增长率(%)	2.28	−20.84	15.16	17
科研人员人均竞争性科研项目经费增长率(%)	6.60	−44.49	48.22	14

续表

项　目	上年指标值	当年指标值	当年全院平均	当年全院位次
5.财政保障率				
人员经费财政保障率(%)	59.25	66.21	78.21	11
绩效工资中财政性经费所占的比例(%)	16.47	36.1	59.9	9
在编在职人员支出财政保障率(%)	48.81	59.71	80.6	11
日常公用支出财政保障率(%)	48.84	35.45	65.55	16

表 5—54　　研究所 10 财力保障水平评价结果

评价指标			得分	全院位次
总体评价结果			339.78	11
1	经济实力评价结果		135.9	11
1.1	其中	人均总收入	121.66	12
1.2		人均财政性资金	90.55	13
1.3		人均非财政性资金	303.37	2
1.4		人均基本运行经费	128.57	9
1.5		人均科研经费	35.37	14
2	筹资能力评价结果		61.21	17
2.1	其中	人均市场竞争性收入	49.96	14
2.2		科研人员人均竞争性科研项目经费	18.43	13
2.3		人均总收入增长变动	124.34	5
2.4		非财政性资金人均收入增长变动	83.61	13
3	资金支付能力评价结果		142.67	5
3.1	其中	人均基本运行支出	126.09	10
3.2		人均人员支出	111.6	10
3.3		人均公用支出	164.15	3
3.4		在职人员绩效工资是基本工资的倍数	127.14	5
3.5		日常公用总支出是财政性公用支出的倍数	183.37	2

十二、研究所11财力保障水平分析报告(2019)

(一)总体收入情况分析

2019年,研究所11总收入比上年增加了14.22%,比全院平均增长率高8.00%;人均总收入36.44万元,是全院平均水平的1.66倍。

研究所11财政性资金占全院的比重为0.85%,占研究所11总收入的比重为79.56%;人均财政性资金为31.63万元,是全院平均水平的1.43倍,居于全院第9位;人均部门预算财政拨款为29.53万元,是全院平均水平的1.56倍,居于全院第9位;人均其他财政性拨款为2.10万元,比全院平均水平低34.98%,居于全院第13位。

研究所11非财政性资金占全院的比重为1.53%,占研究所11总收入的比重为20.44%;人均非财政性资金为9.58万元,居于全院第7位,是全院平均水平的1.82倍。

从收入总体情况分析,研究所11有如下优势:

一是总体收入持续增加,高于全院增长率,人均总收入高于全院平均水平;

二是人均财政性资金高于全院平均水平。

同时,也存在以下不足:

一是该所对财政资金依赖性大,自主创收能力不足;

二是人均其他财政性拨款低于全院平均水平,居于全院后列,说明该所目前争取其他中央部门和地方财政资金的能力和水平不足。

原因分析:该所2019年的非财政性收入比上年减少21.37万元,总体收入增加主要受基建项目经费规模影响。

该所人均财政性资金、人均部门预算财政拨款虚高,与经费自理编制1人未纳入计算口径有关。

管理建议:积极开拓非财政资金的来源,进一步加强科技创新与成果转化。开拓其他财政性拨款,积极申报科研项目,做好服务“三农”和科技管理等示范工作,形成地方效益,获得地方政府与企业的合作支持。

(二)收入结构分析

2019年,研究所11非财政性资金与财政性资金之比为0.257,比全院平均水平高79.97%;人均非财政性资金与财政性资金之比为0.303,比全院平均水平高26.2%。说明研究所11的资金结构中,财政性资金来源占了主要部分。

2019年,研究所11基本运行经费占总收入的比重为59.27%,比全院平均水平高2.19%;科研项目经费占总收入的比重为30.67%,比全院平均水平高5.67%;条件建设经费占总收入的比重为10.06%,比全院平均水平低7.86%。按总人数计算,研究所11人均基本运行经费为21.60万元,居于全院第7位;按科研人员数计算,人均科研项目经费为36.58万元;按财政补助人员计算,研究所11人均财政性基本运行经费为15.44万元;按在职人员计算,人均科研项目经费为16.09万元,人均条件建设经费为5.08万元。

从收入结构分析,研究所11有如下优势:

一是该所的非财政性资金与财政性资金之比、人均非财政性资金与财政性资金之比均高于全院平均水平;

二是人均基本运行经费和人均科研项目经费处于全院中等水平,保证日常机构运作和项目实施。

同时,也存在以下不足:

一是从该所的非财政性资金与财政性资金之比、人均非财政性资金与财政性资金之比来看,该所对财政性资金的依赖程度较高;

二是条件建设经费和人均条件建设经费低于全院平均水平,居于全院后列。

原因分析:该所因为科研起步较晚,科研能力有局限,对市场的开发和扩展不足,非财政性资金收入相对较少。

管理建议:从可持续发展理念出发,积极倡导单位职工“走出去”“接地气”,加强与企业的技术成果交流,提高资源转化率;同时加强申报修购项目、基地建设项目,为成果转化、科技研究提供有利的平台和环境。

(三)支出结构分析

2019年,研究所11人均基本支出为21.60万元,比全院平均水平高

70.04%。其中，按在职在岗人员计算，人均人员支出为16.77万元，比全院平均水平高3.84%；人均日常公用支出为11.12万元，比全院平均水平高34.85%。

按在职人员计算，研究所11人均工资为14.55万元，比全院平均水平高5.55%。其中：人均基本工资4.69万元，比全院平均水平低16.02%；人均绩效工资9.86万元，是全院平均水平的1.20倍；人均绩效工资是基本工资的2.10倍。研究所11按在职人员计算的人均绩效工资在全院处于偏上水平。

2019年，研究所11用于在职人员经费的财政保障率为59.50%，发放绩效工资的资金有31.11%来源于财政拨款。

按在职人员计算，使用财政性经费安排的日常公用支出人均为7.02万元，比全院平均水平高29.76%；在职人员日常公用总支出是财政性支出的1.58倍，比全院平均水平高6%。

2019年，研究所11的“三公”经费中公务用车运行维护费比上年降低6.17%。按在职在岗人员计算，人均公务用车运行费为0.64万元，是全院平均水平的5.27倍；人均接待费为0.03万元，比上年增加101.51%，是全院平均水平的1.96倍；人均出国(境)费为0元，与去年持平；人均会议费0.11万元，是全院平均水平的85%。

从支出结构分析，研究所11有如下优势：

一是研究所11的人员经费支出和日常公用经费支出主要依靠财政性经费；

二是研究所11在2019年继续落实中央八项规定，厉行节约，“三公”经费与上年相比，只减不增。

同时，也存在以下不足：

一是研究所11的财政拨款的人员经费较为紧张，需要自有资金才能弥补；

二是用于发放绩效工资的资金中财政拨款比例较低，人员支出压力大。

原因分析：受到开发市场的影响，以及研究所11在2019年忙于单位搬迁事宜，成果转化的投入力度有限，自有资金收入增长缓慢。财政编制名额较少，经费自理用工成本较大。

管理建议：实行节本增效策略，拓宽非财政性资金的来源渠道，增强研究所11的创收能力，减轻人员经费压力，稳定人才队伍建设。

(四)竞争能力分析

2019年,按从业人员数计算,研究所11的人均市场竞争收入为5.46万元,是全院平均水平的1.40倍,位居全院第7位,说明研究所11市场竞争能力较强。按在职人员数计算,人均竞争性科研项目经费为11.17万元,是全院平均水平的106.89%,位居全院第8位;按科研人员数计算,人均竞争性科研项目经费为25.40万元,是全院平均水平的127.83%,位居全院第4位。研究所11的市场竞争水平在全院排在中上水平,但作为农业事业单位,其科研项目经费的竞争能力相对不足。

从竞争能力分析,研究所11有如下优势:

一是研究所11在2019年的相应指标均高于全院平均水平,说明研究所11近几年处于快速发展阶段;

二是研究所11的人均竞争性科研项目经费处于全院中上水平。

同时,也存在以下不足:

研究所11的地方竞争性项目数量较少,尽管积极申请,但获批的地方性项目较少。

原因分析:研究所11在2019年人才流失较多,科研人员中高级科研人员所占比例相对较少,对竞争性项目的申请造成困难。

管理建议:引进高层次人才,打造科研实力较强的科研团队,加强科研人员的团队建设,抓好项目申报、立项、执行、验收每一个环节。

(五)发展水平分析

2019年,从收入变化来看,研究所11的人均收入比上年增加42.77%,增长率比全院平均水平高34.03%,位居全院第2位,其中,人均非财政性资金比上年增加25.70%,比全院平均水平高8.63%。从竞争性收入变化来看,从业人员的人均竞争性收入比上年降低11.82%,比全院平均水平低26.98%,科研人员人均竞争性科研项目经费比上年增加30.65%,比全院平均水平低17.57%。

从发展水平分析,研究所11有如下优势:

一是人均收入增长加快,非财政性资金纵向比有所增长,为今后的科研工作做好铺垫；

二是科研人员人均竞争性科研项目经费有所增加。

同时，也存在以下不足：

一是单位科技人员引进较少，科研工作发展较慢；

二是竞争性科研项目经费基数小，难以形成有影响力的示范项目，与广州当地其他科研机构相比，市场竞争力较弱。

原因分析：科研人员人均竞争性科研项目经费高于全院水平是由当年科研人员辞职较多导致基数变小所致。

管理建议：重视科研团队的建设与管理，积极推进“技术下乡”“技术走入企业”，将科技成果推广到农业生产的第一线，争取更多的创收。

（六）财政保障程度分析

2019 年，研究所 11 人员经费财政保障率为 60.71%，比全院平均水平低 17.49%，排在全院第 12 位；绩效工资中财政性经费所占的比例为 31.11%，比全院平均水平低 28.79%，排在全院第 10 位；在编在职人员支出财政保障率为 59.50%，比全院平均水平低 21.10%，排在全院第 12 位；日常公用支出财政保障率为 63.15%，比全院平均水平低 2.39%，排在全院第 11 位。

从财政保障程度来看，作为事业单位，研究所 11 的各项财政保障率较低，均低于全院平均水平，排名处于中后。在财政保障率未有改善的情况下，一旦外在市场出现恶化，就难以保证日常运作及从业人员的基本收入水平。

原因分析：人员经费属于差额拨款，且需解决部分自收自支人员。

管理建议：增收节支，积极争取增加部门预算财政性资金保障水平。

（七）财力保障水平评价

按设定的指标体系和评价方法计算，研究所 11 的财力保障总体水平在全院 17 家单位中居于第 8 位，与上年持平。具体来看，经济实力在全院各单位中居第 8 位，比上年上升了 3 位；筹资能力在全院各单位中居于第 5 位，比上年上升了 1 位；资金支付能力在全院各单位中居于第 6 位，比上年上升了 7 位。

研究所 11 的财力保障总体水平得分在全院排第 8 位，对财政性资金依赖程度较大，非财政性资金来源渠道较少，自身创收能力较弱，非财政资金总量处于全院较低水平，位居第 17 位，单位总体资金统筹安排和调控能力较弱。

研究所 11 的经费支出，用于确保运转的基本支出经费比重偏大，安排用于事业发展的经费比重偏低，不利于单位整体的长期可持续发展，因此作以下管理建议：

其一，强化科研管理，拓展科研经费来源渠道。目前研究所 11 已在国家自然科学基金、海南省自然科学基金和广东省科技计划等领域取得突破，还需进一步强化科研经费的投入研究，扩大经济总量。

其二，加强开发创收，增强经济实力。研究所 11 的开发创收主要依赖传统的经营收入，在科技成果转化和利用方面较少，随着单位职能的转变，迫切需要提升科研能力，开发创收形式实现由传统的宾馆经营为主向以科技成果转化为主、技术服务及科研产品推广应用为辅的结构调整。

其三，加强财务管理，统筹资金安排。进一步完善单位财务制度和内部控制制度，加强资金运作管理，提高资金使用效率，全面规划资金用途，合理统筹资金安排。

表 5—55　　研究所 11 财力保障水平指标测评结果　　单位：万元

项　目	上年指标值	当年指标值	当年全院平均	当年全院位次
1. 收入情况				
人均总收入	25.53	36.44	21.95	10
人均财政性资金	26.85	31.63	22.04	9
财政性资金占其总收入的比重(%)	74.79	79.56	87.50	/
财政性资金占全院的比重(%)	0.74	0.85	100	17
人均部门预算财政拨款	19.83	29.53	18.82	9
人均其他财政性拨款	4.03	2.10	3.23	13
人均非财政性资金	7.62	9.58	5.26	7
非财政性资金占其总收入的比重(%)	25.21	20.44	12.50	/
非财政性资金占全院的比重(%)	1.84	1.53	100	17

续表

项　目	上年指标值	当年指标值	当年全院平均	当年全院位次
非财政性资金与财政性资金之比	0.34	0.26	0.14	/
人均非财政性资金与财政性资金之比	0.32	0.30	0.24	/
总收入增长率(%)	−34.97	14.22	6.22	8
基本运行经费占总收入比例(%)	68.65	59.27	57.08	/
科研项目经费占总收入比例(%)	31.35	30.67	25.00	/
条件建设经费占总收入比例(%)	0.00	10.06	17.92	/
人均基本运行经费	17.52	21.60	12.53	7
人均财政性基本运行经费	13.86	15.44	10.98	/
在职在岗人员人均科研项目经费	14.41	16.09	19.14	/
科研人员人均科研项目经费	25.72	36.58	27.40	2
在编在职人员人均条件建设经费	0	5.08	9.75	13
2. 支出情况				
人均基本运行支出	14.78	21.60	12.70	6
在职在岗人员人均支出	14.41	16.77	16.15	/
离休人员人均支出	0	0	22.87	/
退休人员人均支出	2.95	2.77	2.89	/
在职人员人均工资	14.41	14.55	13.78	/
在职人员人均基本工资	5.66	4.69	5.59	/
在职人员人均绩效津贴	8.75	9.86	8.20	/
在职人员人均绩效津贴是基本工资的倍数	1.55	2.10	1.47	2
在职在岗人员人均日常公用支出	6.65	11.12	8.25	6
在职人员人均财政性日常公用支出	6.14	7.02	5.41	/

续表

项　目	上年指标值	当年指标值	当年全院平均	当年全院位次
在职人员日常公用总支出是财政性支出的倍数	1.08	1.58	1.53	/
在职在岗人员人均公务用车运行费	0.68	0.64	0.12	/
在职在岗人员人均接待费	0.01	0.03	0.01	/
在职在岗人员人均出国(境)费	0	0	0.43	/
在职在岗人员人均会议费	0.03	0.11	0.13	/
3.竞争能力				
从业人员人均市场竞争收入	6.19	5.46	3.89	13
在职在岗人均竞争性科研项目经费	10.89	11.17	10.45	8
科研人员人均竞争性科研项目经费	19.44	25.40	19.87	4
4.发展水平				
人均收入增长率(%)	−34.97	42.77	8.74	2
人均非财政性资金增长率(%)	0.37	25.70	17.07	5
从业人员人均市场竞争收入增长率(%)	−18.34	−11.82	15.16	13
科研人员人均竞争性科研项目经费增长率(%)	55.18	30.65	48.22	9
5.财政保障率				
人员经费财政保障率(%)	64.61	60.71	78.21	12
绩效工资中财政性经费所占的比例(%)	39.09	31.11	59.90	10
在编在职人员支出财政保障率(%)	74.00	59.50	80.60	12
日常公用支出财政保障率(%)	92.30	63.15	65.55	11

表 5—56　　研究所 11 财力保障水平评价结果

评价指标		得分	全院位次
总体评价结果		425.25	8
1	经济实力评价结果	155.82	8

续表

评价指标			得分	全院位次
1.1	其中	人均总收入	166.03	
1.2		人均财政性资金	143.51	
1.3		人均非财政性资金	182.12	
1.4		人均基本运行经费	172.39	
1.5		人均科研经费	115.04	
2	筹资能力评价结果		129.39	5
2.1	其中	人均市场竞争性收入	141.71	
2.2		科研人员人均竞争性科研项目经费	127.81	
2.3		人均总收入增长变动	134.03	
2.4		非财政性资金人均收入增长变动	108.63	
3	资金支付能力评价结果		140.04	6
3.1	其中	人均基本运行支出	170.06	
3.2		人均人员支出	148.84	
3.3		人均公用支出	134.83	
3.4		在职人员绩效工资是基本工资的倍数	142.98	
3.5		日常公用总支出是财政性公用支出的倍数	103.49	

十三、研究所 12 财力保障水平分析报告(2019)

(一)总体收入情况分析

2019 年,研究所 12 总收入比上年减少了 19.70%,比全院平均增长率低 25.92%;人均总收入为 19.49 万元,是全院平均水平的 89%。

研究所 12 财政性资金占全院的比重为 4.85%,占研究所 12 总收入的比重为 73.72%;人均财政性资金为 14.76 万元,是全院平均水平的 67%,居于全院第 15 名;人均部门预算财政拨款为 11.98 万元,是全院平均水平的 64%,居于全院第 15 名;人均其他财政性拨款为 2.78 万元,比全院平均水平低 4.17%,居于全院第 11 名。

研究所 12 非财政性资金占全院的比重为 12.10%，占研究所 12 总收入的比重为 26.28%；人均非财政性资金 12.16 万元，居于全院第 4 位，是全院平均水平的 2.31 倍。

从收入总体情况分析，2019 年总收入比上年有所下降，主要是由于 2019 年基建项目财政拨款较 2018 年有较大减少，3 个基建项目经费均在 2018 年到账。2019 年人均总收入稍低于全院平均水平。资金结构中，财政性资金来源占了主要部分，单位创收能力较强，但自有收入不足以弥补资金缺口，人均部门预算财政拨款仍处在全院较低水平。

（二）收入结构分析

2019 年，研究所 12 非财政性资金与财政性资金之比为 0.36，比全院平均水平高 149.67%；人均非财政性资金与财政性资金之比为 0.82，比全院平均水平高 245.20%。说明研究所 12 资金结构中，财政性资金来源占了主要部分。

2019 年，研究所 12 基本运行经费占总收入的比重为 59.96%，比全院平均水平高 2.88%；科研项目经费占总收入的比重为 27.17%，比全院平均水平高 2.17%；条件建设经费占总收入的比重为 12.86%，比全院平均水平低 5.06%。按总人数计算，研究所 12 人均基本运行经费为 11.68 万元，居于全院第 14 位；按科研人员数计算，人均科研项目经费为 22.78 万元；按财政补助人员计算，研究所 12 人均财政性基本运行经费为 6.74 万元；按在职人员计算，研究所 12 人均科研项目经费为 13.42 万元，人均条件建设经费为 6.35 万元。

从收入结构分析，研究所 12 财政性资金来源占了主要部分，基本运行财力保障水平取决于财政支持力度，但由于体制原因，该所财政拨款水平偏低。单位创收能力较好，但自有收入不足以弥补资金缺口。

（三）支出结构分析

2019 年，研究所 12 人均基本支出为 14.62 万元，比全院平均水平高 15.12%。其中，按在职在岗人员计算，人均人员支出为 17.55 万元，比全院平均水平高 8.66%；人均日常公用支出为 11.96 万元，比全院平均水平高 44.97%。

按在职人员计算，研究所 12 人均工资为 15 万元，比全院平均水平高

8.85%。其中:人均基本工资5.28万元,比全院平均水平低5.55%;人均绩效工资9.72万元,是全院平均水平的1.18倍;人均绩效工资是基本工资的1.84倍。研究所12按在职人员计算的人均绩效工资在全院处于中等偏上水平。

2019年,研究所12用于在职人员经费的财政保障率为45.21%,发放绩效工资的资金有2.52%来源于财政拨款。

按在职人员计算,使用财政性经费安排的日常公用支出人均为1.42万元,比全院平均水平低73.75%;在职人员日常公用总支出是财政性支出的8.45倍,比全院平均水平高6.92倍。

2019年,研究所12的"三公"经费及会议费等项目支出比上年大幅降低,按在职在岗人员计算,人均公务用车运行费0.14万元,是全院平均水平的1.17倍;人均接待费0.02万元,比上年增加86.79%,是全院平均水平的2倍;人均出国(境)费为0.09万元,比上年下降10.81%,比全院平均水平低79.07 %;人均会议费为0.07万元,是全院平均水平的45%。

从支出结构分析,一方面,2019年该所继续严格落实中央八项规定,厉行节约,"三公"经费及会议费与上年相比稍有降低;另一方面,人员经费支出压力大,2006年以后,已累计引进各类人员70多人,在"增人不增资"的预算前提下,研究所12作为"拟转企所",至2019年末,该所在职人员财政预算拨款额度仍然基本停留在2008年的预算拨款水平,随着人员工资的增长,单位人员经费出现较大的缺口。另外,科研院所运转与维护费明显不足。该所承建有9个科研与学术平台,拥有各类先进仪器设备超1亿元,要使各平台良好运转,各类设备充分发挥其应有的科技支撑作用,每年需要支出大量的设备运转与维护管理费。目前,该所每年科研运转与维护费121万元,远远不能满足现有需要,一定程度上也影响了设备和科研平台作用的发挥。

(四)竞争能力分析

2019年,按从业人员数计算,研究所12的人均市场竞争收入为6.79万元,是全院平均水平的1.75倍,位居全院第5名,说明研究所12市场竞争能力较强;按在职人员数计算,人均竞争性科研项目经费为10.27万元,是全院平均水平的98.28%,位居全院第10名;按科研人员数计算,人均竞争性科研项目经费为17.44万元，是全院平均水平的87.77%，位居全院第8名。研究所12的市场竞争水平在全院处于中下水平，但作为“拟转企所”，其科研项目经费的竞争能力相对不足。

研究所12的市场竞争水平在全院排在中游水平，市场竞争能力有所增强。但由于作为“拟转企所”，事业单位改革分类暂未明确，因此科研项目经费的竞争能力相对不足，尚未达到全院平均水平。

（五）发展水平分析

2019年，从收入变化来看，研究所12人均收入比上年降低20.09%，比全院平均水平低28.83%，位居全院第17位，其中，人均非财政性资金比上年增加5.57%，比全院平均水平低11.50%。从竞争性收入变化来看，从业人员的人均竞争性收入比上年增加12.23%，比全院平均水平低2.93%，科研人员人均竞争性科研项目经费比上年增加104.62%，比全院平均水平高56.4%。

科研人员人均竞争性科研项目经费比上年增加，对外技术服务、技术转移能力有所提升；但当年无新增基建资金，总收入及财政性资金收入、非财政性资金收入的基数偏小，影响人均收入指数。未来年度需争取更多财政资金支持，增强单位自主创收能力。

（六）财政保障程度分析

2019年，研究所12人员经费财政保障率为57.24%，比全院平均水平低20.97%，排在全院第13位；绩效工资中财政性经费所占的比例为2.52%，比全院平均水平低57.38%，排在全院第13位；在编在职人员支出财政保障率为45.21%，比全院平均水平低35.39%，排在全院第14位；日常公用支出财政保障率为11.84%，比全院平均水平低53.68%，排在全院第17位。

从财政保障程度分析，研究所12人员经费财力保障率处于全院较低水平，绩效工资水平中财政性经费所占比例长期处于较低状态，因此只能在降低支出总额的同时努力争取提高财力保障比例。日常公用支出财政保障率仅为11.84%，连年下降，比全院平均水平低53.68%，居全院第17位，说明日常公用支出财政保障严重不足，非财政性资金支撑保障压力不断上升，需要在降低支出总额的同时努力争取提高财力保障比例。

（七）财力保障水平评价

按设定的指标体系和评价方法计算，研究所12的财力保障总体水平在全院17家单位中居于第6位，与上年位次一致。具体来看，经济实力在全院各单位中居第13位，比上年下降了1位；筹资能力在全院各单位中居于第9位，比上年下降了1位；资金支付能力在全院各单位中居于第2位，比上年提升了1位。

2019年，研究所12的财力保障总体水平较高，尽管研究所12财政拨款水平较低，但单位自身创收能力较强，资金支付能力也相对较强，单位在财力统筹安排上有一定的空间和灵活度，能较好地保障单位基本运行的经费需求。但单位总体经济实力一般，用于确保运转的基本支出经费需求大，人均财政性资金收入和人均科研经费水平较低；安排用于基础条件建设和事业发展的经费比重偏低，不利于单位的长期可持续发展。

表5—57　　研究所12财力保障水平指标测评结果　　单位：万元

项　目	上年指标值	当年指标值	当年全院平均	当年全院位次
1.收入情况				
人均总收入	24.38	19.49	21.95	15
人均财政性资金	19.62	14.76	22.04	15
财政性资金占其总收入的比重(%)	80.47	73.72	87.50	17
财政性资金占全院的比重(%)	6.96	4.85	/	8
人均部门预算财政拨款	18.43	11.98	18.82	15
人均其他财政性拨款	1.19	2.78	3.23	11
人均非财政性资金	11.51	12.16	5.26	4
非财政性资金占其总收入的比重(%)	19.53	26.28	12.50	1
非财政性资金占全院的比重(%)	12.42	12.10	/	2
非财政性资金与财政性资金之比	0.24	0.36	0.14	1

续表

项　目	上年指标值	当年指标值	当年全院平均	当年全院位次
人均非财政性资金与财政性资金之比	0.59	0.82	0.24	1
总收入增长率(%)	27.80	−19.70	6.22	17
基本运行经费占总收入比例(%)	46.53	59.96	57.08	7
科研项目经费占总收入比例(%)	12.44	27.17	25.00	8
条件建设经费占总收入比例(%)	41.03	12.86	17.92	11
人均基本运行经费	11.34	11.68	12.53	14
人均财政性基本运行经费	6.58	6.74	10.98	15
在职在岗人员人均科研项目经费	7.34	13.42	19.14	10
科研人员人均科研项目经费	12.47	22.78	27.40	10
在编在职人员人均条件建设经费	24.19	6.35	9.75	12
2.支出情况				
从业人员人均基本运行支出	12.43	14.62	12.70	11
在职在岗人员人均支出	15.68	17.55	16.15	11
离休人员人均支出	24.78	24.04	22.87	2
退休人员人均支出	3.52	3.25	2.89	7
在职人员人均工资	14.19	15.00	13.78	10
在职人员人均基本工资	4.93	5.28	5.59	14
在职人员人均绩效津贴	9.26	9.72	8.20	9
在职人员人均绩效津贴是基本工资的倍数	1.88	1.84	1.47	6
在职在岗人员人均日常公用支出	7.09	11.96	8.25	4
在职人员人均财政性日常公用支出	1.42	1.42	5.41	14
在职人员日常公用总支出是财政性支出的倍数	4.98	8.45	1.53	1

续表

项　目	上年指标值	当年指标值	当年全院平均	当年全院位次
在职在岗人员人均公务用车运行费	0.19	0.14	0.12	9
在职在岗人员人均接待费	0.01	0.02	0.01	4
在职在岗人员人均出国(境)费	0.09	0.09	0.43	12
在职在岗人员人均会议费	0.07	0.07	0.13	13
3.竞争能力				
从业人员人均市场竞争收入	6.05	6.79	3.89	5
在职在岗人均竞争性科研项目经费	5.01	10.27	10.45	10
科研人员人均竞争性科研项目经费	8.52	17.44	19.87	8
4.发展水平				
人均收入增长率(%)	31.22	−20.09	8.74	17
人均非财政性资金增长率(%)	0.50	5.57	17.07	7
从业人员人均市场竞争收入增长率(%)	−14.84	12.23	15.16	6
科研人员人均竞争性科研项目经费增长率(%)	19.61	104.62	48.22	1
5.财政保障率				
人员经费财政保障率(%)	58.50	57.24	78.21	13
绩效工资中财政性经费所占的比例(%)	8.52	2.52	59.90	13
在编在职人员支出财政保障率(%)	43.97	45.21	80.60	14
日常公用支出财政保障率(%)	20.08	11.84	65.55	17

表 5—58　　研究所 12 财力保障水平评价结果

评价指标		得分	全院位次
总体评价结果		435.66	6
1	经济实力评价结果	115.19	13

续表

评价指标			得分	全院位次
1.1	其中	人均总收入	88.77	15
1.2		人均财政性资金	66.96	15
1.3		人均非财政性资金	231.09	4
1.4		人均基本运行经费	93.25	14
1.5		人均科研经费	95.90	10
2	筹资能力评价结果		111.14	9
2.1	其中	人均市场竞争性收入	176.27	5
2.2		科研人员人均竞争性科研项目经费	87.75	8
2.3		人均总收入增长变动	71.17	17
2.4		非财政性资金人均收入增长变动	88.50	7
3	资金支付能力评价结果		209.33	2
3.1	其中	人均基本运行支出	115.15	11
3.2		人均人员支出	109.11	12
3.3		人均公用支出	144.93	4
3.4		在职人员绩效工资是基本工资的倍数	125.34	6
3.5		日常公用总支出是财政性公用支出的倍数	552.11	1

十四、研究所13财力保障水平分析报告(2019)

(一)总体收入情况分析

2019年,研究所13总收入比上年增加了61.37%,比全院平均增长率高55.15%;人均总收入为53.16万元,是全院平均水平的2.42倍。

研究所13财政性资金占全院的比重为3.94%,占研究所13总收入的比重为89.76%;人均财政性资金为52.38万元,是全院平均水平的2.38倍,居于全院第2位;人均部门预算财政拨款为47.34万元,是全院平均水平的2.52倍,居于全院第2位;人均其他财政性拨款为5.04万元,是全院平均水平的1.56倍,居于全院第8位。

研究所 13 非财政性资金占全院的比重为 3.15%，占研究所 13 总收入的比重为 10.24%；人均非财政性资金 10.18 万元，居于全院第 6 位，是全院平均水平的 1.94 倍。

从收入总体情况分析，研究所 13 收入比上年整体上升，人均收入高于全院平均水平。主要原因是 2019 年新增了两个基建项目和一个修购项目，当年下达的款项占到了财政性资金收入的 69.72%。从整体收入来源看，研究所 13 主要来源为财政性资金。

同时，也存在不足：研究所 13 人均财政性资金在全院排第 2 位，但非财政性资金在全院排第 14 位，而研究所 13 财政性资金来源主要是基建项目，保障程度低，创收能力也非常有限，不能最大程度地确保总收入持续稳定增长。

管理建议：争取提高部门预算财政资金支持率，同时提升创收能力，加大对农机环境的技术服务支持，进一步开发试制产品市场潜能，增强自主研发的市场竞争力。

（二）收入结构分析

2019 年，研究所 13 非财政性资金与财政性资金之比为 0.11，是全院平均水平的 80%；人均非财政性资金与财政性资金之比为 0.19，是全院平均水平的 79%。说明在研究所 13 的资金结构中，财政性资金来源占了主要部分，但是相对全院财政性资金保障程度，研究所 13 的财政保障程度略高于全院平均值。

2019 年，研究所 13 基本运行经费占总收入的比重为 22.7%，比全院平均水平低 34.38%；科研项目经费占总收入的比重为 14.72%，比全院平均水平低 10.28%；条件建设经费占总收入的比重为 62.58%，比全院平均水平高 44.66%。按总人数计算，研究所 13 人均基本运行经费为 12.07 万元，居于全院第 13 名；按科研人员数计算，人均科研项目经费为 23.95 万元，比全院平均水平低 12.59%；按财政补助人员计算，研究所 13 人均财政性基本运行经费为 6.41 万元；按在职人员计算，研究所 13 人均科研项目经费为 17.56 万元，人均条件建设经费为 74.67 万元。

从收入结构分析，研究所 13 非财政资金来源作为研究所 13 资金结构中的重要组成部分，影响越来越大。研究所 13 基本运行经费占据单位总收入的

22.70%，但与全院平均水平相比，仍低了将近34.38个百分点。用于基础条件建设经费比上年有大幅度提高，需继续提高保障单位基本运行经费和科研项目经费，促进单位的长期可持续发展。

（三）支出结构分析

2019年，研究所13人均基本支出为11.61万元，比全院平均水平低8.58%。其中，按在职在岗人员计算，人均人员支出为18.35万元，比全院平均水平高2.2%；人均日常公用支出为1.99万元，比全院平均水平低75.88%。

按在职人员计算，研究所13人均工资为17.3万元，比全院平均水平高25.54%。其中：人均基本工资6.28万元，比全院平均水平高12.34%；人均绩效工资11.01万元，比全院平均水平高34.27%；人均绩效工资是基本工资的1.75倍。研究所13按在职人员计算的人均绩效工资在全院处于中等水平。

2019年，研究所13用于在职人员经费的财政保障率为43.46%，发放绩效工资的资金没有财政拨款。

按在职人员计算，使用财政性经费安排的日常运转支出人均为1.99万元，仅仅是院平均水平的24.12%；在职人员日常运转支出是财政性支出的2.38倍，高于全院平均水平。

2019年，研究所13的“三公”经费及会议费等项目支出比上年变化各有不同，按在职在岗人员计算，人均公务用车运行费为0.17万元，比上年低28.25%，是全院平均水平的1.42倍；人均接待费为0.01万元，比上年降低了61.69%，与全院平均水平持平；人均出国（境）费为0.13万元，比上年提高21.33%；人均会议费为0.16万元，较上年降低33.21%，是全院平均水平的1.23倍。

（四）竞争能力分析

2019年，按从业人员数计算，研究所13的人均市场竞争收入为4.27万元，是全院平均水平的1.1倍，居全院第9位。比上年上升了18.30%，提高率居全院第5位。按在职人员数计算，人均竞争性科研项目经费为12.32万元，是全院平均水平的1.18倍，位居全院第7位；按科研人员数计算，人均竞争性科研项目经费为16.79万元，是全院平均水平的0.84倍，位居全院第10位。研究所13

的市场竞争水平在全院排名靠后，作为“拟转企所”，其科研项目经费的竞争能力明显不足。

从竞争能力分析，研究所 13 的市场竞争水平较上年有大幅度下降，说明市场发展潜力需要更进一步挖掘。从在职人员数计算，人均竞争性科研项目经费全院排在中等水平；从科研人员数计算，人均竞争性科研项目经费在全院排名靠后，主要原因是重大科技项目获批经费和数量较少，作为“拟转企所”，在职人员特别是科研人员面临更大全面提升科研竞争能力的挑战。

（五）发展水平分析

2019 年，从收入变化来看，研究所 13 人均收入比上年增加 62.96%，比全院平均水平高 54.22%，增幅位居全院第 1 位，其中，人均非财政性资金比上年上升 4.09%，但收入是全院平均水平的 1.94 倍。从竞争性收入变化来看，从业人员的人均竞争性收入比上年上升了 18.30%，在全院排第 5 位。科研人员人均竞争性科研项目经费比上年上升 6.47%，比全院平均水平低了 41.75%。

从发展水平分析，研究所 13 人均总收入提高的部分主要来源于房租收入、竞争性收入以及竞争经费性科研项目经费，研究所 13 财政性资金保障程度低，收入的增加主要来源于市场竞争，作为“拟转企所”经济基础薄弱，无法抵御较强的市场风险。接下来主要依托科研力量的支持来提升市场竞争能力，但目前其科研项目经费的竞争能力相对不足，特别是重大科技项目获批经费和数量较少，在此前提下研究所 13 发展仍面临巨大的挑战。

（六）财政保障程度分析

2019 年，研究所 13 人员经费财政保障率为 51.34%，比全院平均水平低 26.87%，排在全院第 15 位；绩效工资中财政性经费所占的比例为 0，低于全院平均水平 59.90 个百分点，在全院排名靠后；在编在职人员支出财政保障率 43.46%，比全院平均水平低 37.14%，排在全院第 15 位；日常运转支出财政保障率 41.95%，比全院平均水平低 23.6%，排在全院第 14 位。

从财政保障程度分析，研究所 13 经费中的各种财政保障率都非常低，排名靠后，其中的绩效工资中财政性经费所占的比例为 0。在财政保障率未有改善的情况下，竭尽全力保障从业人员的基本收入水平。

（七）财力保障水平评价

按设定的指标体系和评价方法计算，研究所 13 财力保障总体水平在全院 17 家单位中居于第 9 位，与上年持平。具体来看，经济实力在全院各单位中居第 4 位，比上年上升了 3 位；筹资能力在全院各单位中居于第 10 位，与上年持平；资金支付能力在全院各单位中居于第 11 位，比上年下降了 1 位。

研究所 13 财力保障总体水平全院排名第 9，但是研究所 13 财政拨款水平一直处于末位，加上单位自身创收能力有待增强，经济总量较小，经济实力相对较弱；由于经济创收能力较弱，单位在财力统筹安排上的空间和灵活度有限，因此只能基本保障单位基本运行的经费需求，特别是单位的资金支付能力表现非常薄弱。

通过总体分析，存在如下问题：

一是资金支付能力薄弱，人均公用支出全院得分倒数第一，基本运行支出非常有限。

二是筹资能力保障因素不稳定。科研创收较上年有平稳发展，但需求方整体实力不强，且产品仍有待提升改进；重大科技项目获批经费和数量较少，科研竞争能力任重道远。

原因分析：

一是日常公用经费持续低水平支出。长期以来，研究所 13 的财政资金保障程度严重不足，只能从有限的自有资金里弥补公用经费财政拨款缺口，但同时自有资金又必须弥补财拨人员经费的缺口，为了稳定人员收入，只能最大限度压缩公用经费的支出，由此造成了公共环境建设的薄弱。

二是创收收入水平不高。研究所 13 主要创收收入为菠萝麻系列产品、农机产品和技术服务收入，但近年来菠萝麻产品销售持续低迷，农机产品的销售以自动化程度不高的产品为主，市场仍是“散乱小”。2017 年开启机器出口的历史先河，但主要也只是市场竞争水平不高的东南亚地区。

管理建议：

一是在保障人员收入的同时，逐步重视公共环境的建设，包括硬件环境和人文环境。经过几年的努力，研究所 13 的基本面貌有了较大改进，但因为多年来的经费严重不足，大家的重点都放在了如何提高职工收入，对于环境建设心有余而力不足，特别是转企的影响更是雪上加霜。应该加快所部环境建设，提升职工的精神面貌，从而增强整个单位的凝聚力。

二是加强开发创收，增强经济实力，调整销售渠道，提升产品竞争力，适应市场变化，努力拓宽销售途径，从而增加销售收入。

三是加强财务管理，统筹资金安排，将有限的资金用在刀刃上。

表 5—59　　研究所 13 财力保障水平指标测评结果　　单位：万元

项　目	上年指标值	当年指标值	当年全院平均	当年全院位次
1. 收入情况				
人均总收入	32.62	53.16	21.95	3
人均财政性资金	30.42	52.38	22.04	2
财政性资金占其总收入的比重(%)	84.12	89.76	87.5	8
财政性资金占全院的比重(%)	2.41	3.94	/	13
人均部门预算财政拨款	26.51	47.34	18.82	2
人均其他财政性拨款	3.91	5.04	3.23	8
人均非财政性资金	9.78	10.18	5.26	6
非财政性资金占其总收入的比重(%)	15.88	10.24	12.5	10
非财政性资金占全院的比重(%)	3.35	3.15	/	14
非财政性资金与财政性资金之比	0.19	0.11	0.14	9
人均非财政性资金与财政性资金之比	0.32	0.19	0.24	10
总收入增长率(%)	37.85	61.37	6.22	1
基本运行经费占总收入比例(%)	33.71	22.7	57.08	17
科研项目经费占总收入比例(%)	19.7	14.72	25	12
条件建设经费占总收入比例(%)	46.58	62.58	17.92	1

续表

项　目	上年指标值	当年指标值	当年全院平均	当年全院位次
人均基本运行经费	11.00	12.07	12.53	13
人均财政性基本运行经费	6.46	6.41	10.98	16
在职在岗人员人均科研项目经费	14.90	17.56	19.14	6
科研人员人均科研项目经费	19.86	23.95	27.4	9
在编在职人员人均条件建设经费	35.23	74.67	9.75	1
2.支出情况				
人均基本运行支出	11.08	11.61	12.70	14
在职在岗人员人均支出	17.08	18.35	16.15	8
离休人员人均支出	30.13	15.1	22.87	3
退休人员人均支出	3.3	2.92	2.89	10
在职人员人均工资	15.19	17.30	13.78	3
在职人员人均基本工资	4.86	6.28	5.59	3
在职人员人均绩效津贴	10.34	11.01	8.2	4
在职人员人均绩效津贴是基本工资的倍数	2.13	1.75	1.47	7
在职在岗人员人均日常公用支出	2.07	1.99	8.25	17
在职人员人均财政性日常公用支出	0.85	0.83	5.41	17
在职人员日常公用总支出是财政性支出的倍数	2.43	2.38	1.53	4
在职在岗人员人均公务用车运行费	0.24	0.17	0.12	6
在职在岗人员人均接待费	0.04	0.01	0.01	8
在职在岗人员人均出国(境)费	0.11	0.13	0.43	10
在职在岗人员人均会议费	0.24	0.16	0.13	6
3.竞争能力				
从业人员人均市场竞争收入	3.61	4.27	3.89	9

续表

项　目	上年指标值	当年指标值	当年全院平均	当年全院位次
在职在岗人均竞争性科研项目经费	11.83	12.32	10.45	7
科研人员人均竞争性科研项目经费	15.77	16.79	19.87	10
4.发展水平				
人均收入增长率(%)	36.50	62.96	8.74	1
人均非财政性资金增长率(%)	−12.3	4.09	17.07	9
从业人员人均市场竞争收入增长率(%)	−39.19	18.30	15.16	5
科研人员人均竞争性科研项目经费增长率(%)	−4.83	6.47	48.22	13
5.财政保障率				
人员经费财政保障率(%)	49.38	51.34	78.21	15
绩效工资中财政性经费所占的比例(%)	3.36	0.00	59.90	16
在编在职人员支出财政保障率(%)	38.14	43.46	80.60	15
日常公用支出财政保障率(%)	41.19	41.95	65.55	14

表 5—60　　研究所 13 财力保障水平评价结果

评价指标			得分	全院位次
总体评价结果			387.53	9
1	经济实力评价结果		179.05	4
1.1	其中	人均总收入	242.18	3
1.2		人均财政性资金	237.67	2
1.3		人均非财政性资金	193.59	6
1.4		人均基本运行经费	96.31	13
1.5		人均科研经费	125.52	6
2	筹资能力评价结果		106.88	10

续表

评价指标			得分	全院位次
2.1	其中	人均市场竞争性收入	110.92	9
2.2		科研人员人均竞争性科研项目经费	84.52	10
2.3		人均总收入增长变动	154.22	1
2.4		非财政性资金人均收入增长变动	87.02	9
3	资金支付能力评价结果		101.59	11
3.1	其中	人均基本运行支出	91.45	14
3.2		人均人员支出	117.39	9
3.3		人均公用支出	24.11	17
3.4		在职人员绩效工资是基本工资的倍数	119.21	7
3.5		日常公用总支出是财政性公用支出的倍数	155.82	4

十五、研究所14财力保障水平分析报告(2019)

(一)收入情况分析

2019年总收入6 840.93万元,比上年增长了18.59%,其中:2019年财政性资金收入5 374.58万元,占总收入78.57%;非财政性资金收入1 466.35万元,占总收入21.43%。总收入增长比全院平均增长率高出12.37%,人均总收入38.87万元,排在全院第7位,与上年保持相同名次,是全院平均水平的1.77倍。

1. 总体收入情况

(1)研究所14财政性资金5 374.58万元,总量排在全院第10位,占全院财政性资金比重为4.39%,占研究所14总收入的比重为78.57%;人均财政性资金30.54万元,是全院平均水平的1.39倍,排在全院第10位,比上年提升2名;人均部门预算财政拨款25.61万元,是全院平均水平的1.36倍,居于全院第11名,与上年保持相同名次,其中人均基本支出财政拨款4.11万元,排在全院第17位(最后),与上年保持相同名次;人均其他财政性拨款4.93万元,排在全院第9位,比上年提升3位,属于中等水平。

(2)研究所14非财政性资金1 466.35万元,排在全院第4位,比上年下降1

位，占全院的比重为8.39%，占研究所14总收入的比重为21.43%；人均非财政性资金13.58万元，排在全院第3位，与上年保持相同名次，是全院平均水平的2.58倍。

2. 优劣势分析

(1)优势表现

一是非财政性资金收入、人均非财政性资金收入高于全院平均水平，科技成果转移转化能力相对较强；

二是用于弥补公用经费、人员经费支出的自有资金相对较多；

三是与院属其他单位相比，自筹资金能力相对较强。

(2)劣势表现

财政性资金收入占总收入比重偏低，基本运行支出缺口较大，创收机制受阻，创收能力有所下降。

(3)原因分析

一是科技创收渠道较单一，创收能力有所下降；

二是部门预算财政保障水平偏低。

3. 管理建议

一是继续争取各项政策支持，努力提高公用经费、人员经费、专项经费等财政经费保障水平；

二是继续深入实施“科学研究、产品开发、科普示范”三位一体的发展模式，强化内联外拓，提升科技成果转移转化能力。

(二)收入结构分析

1. 收入结构具体情况

2019年研究所14非财政性资金收入为1 466.35万元，财政性资金收入为5 374.58万元，两者之比为0.27，比全院平均水平高1.92倍；人均非财政性资金收入13.58万元，人均财政性资金收入30.54万元，两者之比为0.45，是全院平均水平的1.88倍。在研究所14的资金结构中，相比全院其他单位，研究所14部门财政性资金来源所占比例低，研究所14的资金结构中，相比全院其他单位，部门财政性资金保障水平较低。

2019 年研究所 14 基本运行经费为 2 808.24 万元，占总收入的比重为 41.05%，比全院平均水平低 16.03%；科研项目经费 1 425.34 万元，占总收入的比重为 20.84%，比全院平均水平低 4.16%；条件建设经费 2 607.35 万元，占总收入的比重为 38.11%，比全院平均水平高 20.19%；发展经费(科研项目经费＋条件建设经费)占总经费的 58.95%，排在全院第 3 位。按总人数 176 人计算，研究所 14 人均基本运行经费 15.96 万元，排在全院第 10 位，与上年相比下降 2 位；按科研人员数 54 人计算，人均科研项目经费为 26.04 万元，排在全院第 7 位，比上年提升 1 位；按财政补助人数 176 人计算，研究所 14 人均财政性基本运行经费为 6.95 万元，人均财政性基本运行经费居于全院第 14 位，比上年下降 1 位；按在职人数 107 人计算，在职人均科研项目经费 9.67 万元，在职人均科研项目经费 13.32 万元，排在全院第 11 位，排名比上年下降 2 位；在职人均条件建设经费 24.12 万元，在职人均条件建设经费排在全院第 2 位，比上年提升 3 位。

2. 优劣势分析

(1)优势表现

一是事业发展经费占总经费比例大，说明单位注重事业发展；

二是人均科研经费排在全院中等偏上水平；

三是基本条件建设经费增加，原有老旧基础设施得到进一步修缮改造。

(2)劣势表现

一是人均非财政收入、人均创收收入有所减少；

二是与全院其他单位相比，人均财政拨款较少；

三是可用于保障基本运行的财政经费有限。

(3)原因分析

一是作为“拟转企所”，部门预算财政保障水平较低；

二是受旅游开发市场影响，科技产品、科普示范门票等业务收入与上年相比有所下降。

3. 管理建议

一是鼓励科技成果“走出去”，实施线上、线下一体化战略布局，拓宽创收渠道；

二是继续实施良种良苗“育繁推”一体化工程；

三是积极参与海南自由贸易区、自由贸易港建设，开展科技帮扶活动，服务于国家“一带一路”倡议等，争取各类财政经费支持。

（三）支出结构分析

1. 支出结构总体情况

2019 年，研究所 14 总人数 176 人，人均基本支出为 16.19 万元，是全院平均水平的 1.27 倍，排在全院第 9 位，比上年下降 2 位。其中：按在职在岗人员计算，人均人员支出 17.05 万元，比全院平均水平高 5.57%；总计人均人员支出 12.06 万元，排在全院第 8 位，比上年下降 2 位；人均日常运转支出 3.06 万元，排在全院第 15 位；日常运转支出是财政性支出的 2.39 倍，排在全院第 14 位。

在职人员按 107 人计算，研究所 14 人均收入（基本工资＋绩效工资）为 14.03 万元，排在全院第 13 名，与上年相比下降 5 名，人均收入比全院平均收入多 0.25 万元，高于全院平均水平 2.00%。其中：人均基本工资 5.46 万元，排在全院第 12 位，与上年相比下降 1 位，人均收入比全院平均水平少 0.02 万元；人均绩效工资 8.57 万元，比全院平均水平多 0.37 万元，人均绩效工资排在全院第 13 位，与上年相比下降 6 名；人均绩效工资是基本工资的 1.57 倍，排在全院第 12 位，与上年相比下降 7 位。

退休人员按 69 人计算，退休人员人均支出 4.17 万元，排在全院第 4 位。

按在职人员计算，人均日常运转费支出 3.06 万元，排在全院第 15 位，财政经费安排在职人员人均日常运转费支出 1.28 万元，排在全院第 16 位，日常运转支出是财政支出 2.39 倍，位居全院第 3 位。

2019 年保障政策运转支出经费排在全院第 15 位，其中专用材料费同比减少了 69%，维修（护）费同比减少了 98%，差旅费同比减少了 4.50%。

按在职在岗人员计算，人均公务用车运行费 0.14 万元，同比下降了 9.26%，比全院平均费用多 0.02 万元；人均接待费 0.02 万元，同比减少 33.83%，比全院平均费用多 0.01 万元；人均出国（境）费 0.59 万元，同比增长 29%，比全院平均费用多 0.16 万元；人均会议费 0.04 万元，比全院平均费用少 0.09 万元。

2. 优劣势分析

(1)优势表现

一是全部绩效工资发放来源于自有资金，同院属其他单位相比，自有资金总量相对较多；

二是推行开源节流，有效控制日常运转成本费用支出，提高了资金使用效率；

三是加强“三公”经费管理，节约“三公”经费支出，合理安排科研会议费开支。

(2)劣势表现

一是人员支出过于依赖自有资金，绩效工资支出无财政性经费保障；

二是用于保障单位日常运转的财政经费不足；

三是绩效支出水平有所降低。

(3)原因分析

一是现有创收机制受阻，创收渠道相对单一，自有资金收入来源减少；

二是作为“拟转企所”，部门预算财政公用经费、人员经费保障率较低；

三是加强经费使用管理，强化厉行节约、反对铺张浪费，每笔运转支出尽量花在必要的地方。

3. 管理建议

一是加强各类政策研究，积极争取各类政府经费支持，提高基本运行支出和事业发展支出的财政经费保障水平；

二是继续实施节本增效，拓宽创收渠道，通过落实科技创新驱动战略促进单位经济增长；

三是配合事业单位分类改革工作，争取纳入财政保障体系，争取长期稳定的专项财政经费支持。

(四)竞争能力分析

市场竞争能力主要体现在其非财政性资金创收能力上，因此，热科院财务处统一选取与市场创收能力相关性较强的技术收入、学术活动收入、科普活动收入、试剂产品收入、经营收入 5 大指标进行重点分析，结合全院各单位相关指标完成情况，分析该所竞争能力水平。

1. 竞争能力情况

2019 年，按从业人员数计算，研究所 14 人均市场竞争收入为 13.20 万元，与上年相比增加 0.42 万元，是全院平均水平的 3.39 倍，排在全院第 1 位；研究所 14 市场竞争性收入为 1 425.22 万元，同比减少 251.87 万元，市场竞争性收入总量排在全院第 1 位，说明该所依然保持较强的市场竞争意识。

按在职人员数计算，人均竞争性科研经费为 8.31 万元，同比增加 2.83 万元，比全院平均水平少 2.14 万元，排在全院第 12 位，比上年下降 1 位。

按科研人员数计算，人均竞争性科研项目经费为 16.47 万元，同比增长了 6.25 万元，比院平均水平少 3.40 万元，排在全院第 11 位。

2. 优劣势分析

(1)优势表现

一是市场竞争收入规模和人均市场竞争性收入位居全院前茅，研究所 14 始终保持较强的市场竞争意识，不断完善创收机制，努力保持市场竞争优势；

二是进一步健全科研体制机制，科研竞争水平得到明显提升；

三是继续深化实施“三位一体”发展模式，寻找经济发展内生动力，拓宽发展理念，提升单位核心竞争力。

(2)劣势表现

一是长期稳定支持的科研专项数量和经费不足；

二是科技创新支撑科技成果转移转化的能力还不足；

三是争取竞争性科研项目总量不够，人均可支配科研项目经费不大。

(3)原因分析

一是作为“拟转企所”，获取长期稳定支持的科研财政专项经费不足；

二是受旅游市场低迷影响，进入园区消费的人员数量减少，科技创收渠道较为单一；

三是获取重大科研专项数量不够，重大科研项目经费不足。

3. 管理建议

一是深化体制机制改革，消除科技创新发展障碍，提升创新活力，促进科技成果转移转化；

二是推动植物园二次创业，继续实施“科学研究、产品开发、科普示范”三位一体的发展模式，创新组织架构，寻找经济新增长点；

三是加强科技创新能力，提升单位核心竞争力。

（五）发展水平分析

1. 发展水平情况

2019 年，从收入变化来看，研究所 14 人均总收入为 38.87 万元，比上年增长 19.94%，增长率比全院平均水平高 11.2%，位居全院第 8 名。其中，人均非财政性资金收入为 13.58 万元，比上年减少 10.81%，增长率比全院平均水平低 27.88%，排在全院第 15 名。从竞争性收入变化来看，从业人员的人均竞争性收入为 13.2 万元，比上年减少 11.87%，增长率比全院平均水平低 27.03%，排在全院第 14 名。科研人员人均竞争性科研项目经费 16.47 为万元，比上年增长 61.1%，增长率比全院平均水平高 12.88%，排在全院第 4 名。

2. 优劣势分析

（1）优势表现

该所始终保持较强的市场竞争意识，不断提高科技成果转移转化率。

（2）劣势表现

研究的作物品种产业小，财政资助的项目经费不足，人均科研经费相对较少，可用于基本运行支出的经费不足。

（3）原因分析

现有开发市场变化快，存在较多不确定因素，原有创收渠道单一，科技成果转移转化力度还不够。

3. 管理建议

一是应丰富科技产品销售渠道，提高市场占有率；

二是应激发科技人员创造性和积极性，提升科技创新能力和科技成果转移转化能力；

三是加强各项政策研究，积极申报各类项目，获取更多财政资金资助。

（六）财政保障程度分析

1. 财政保障程度情况

2019 年，研究所 14 人员经费财政保障率为 37.42%，与上年相比提高了 5.15%，在人员支出财政经费与上年基本持平的情况下，当年自有资金减少，从而体现出人员经费财政保障率得到提高。全院平均人员经费财政保障率为78.21%，比全院平均水平低40.79%，财政保障率排在全院最后。

绩效工资中财政经费占比为0，与研究所01、研究所13一样，未安排财政性资金发放绩效工资，全院绩效工资中财政经费平均占比为59.59%。

在编在职人员支出财政保障率27.79%，全院平均水平为80.60%，比全院平均水平低52.81%，排在全院末位；日常运转支出财政性经费保障率41.90%，排在全院第15名。

2. 优劣势分析

作为“拟转企所”，人员经费和公用支出财政保障率低，人员经费财政保障率为全院最低。

3. 管理建议

一是做好事业单位重分类改革，争取划定为公益二类事业单位，提高基本运行经费保障水平；

二是落实好科技创新驱动发展战略，提升科技创新能力，争取更多财政项目经费资助。

（七）财力保障水平评价

立足于全院平均水平，从总体经济实力、筹资能力、资金支付能力方面对单位总体保障水平进行综合评价。

1. 财力保障水平评价

按设定的指标体系和评价方法计算，该所财力保障总体水平在全院17家单位中居于第5位。具体情况：

研究所14的总体经济实力排在全院第7位，人均总收入为38.87万元，排在全院第7位，比全院平均水平值多16.92万元，是全院平均水平的1.77倍。其中：人均财政性资金收入30.54元，比全院平均水平值多8.10万元，排在全院第10位；人均非财政性资金收入13.58万元，比全院平均水平值多8.32万元，排在全院第3位；人均基本运行费15.96万元，比全院平均水平值多3.43万元，排在全院第10位；人均科研经费13.32万元，比全院平均水平值少0.67万元，排在全院第11位。

筹资能力排在第 1 位，与上年保持相同水平，其中：人均市场竞争性收入指标水平值排在全院第 1 位，科研人员人均竞争性科研项目经费指标水平值排在全院第 11 位，人均总收入增长变动水平值排在全院第 8 位。

资金支付能力排在全院第 10 位，比上年下降 2 位，其中：人均基本运行支出水平值排在全院第 8 位，人均人员支出指标水平值排在全院第 7 位，人均公用经费支出水平值排在全院倒数第 3 位，在职人员绩效工资是基本工资的倍数排在全院第 12 位，日常公用总支出是财政性公用支出的倍数排在全院第 3 位。

2. 优劣势分析

(1)优势表现

一是筹资能力水平全院最高，参与市场竞争意识加强；

二是人均总收入有较大增长，人均非财政性收入、人均竞争性收入、人均总收入增长变动等水平名列全院前茅；

三是自有资金筹措能力相对较强，自有经费使用安排灵活性较高。

(2)劣势表现

一是人均财政资金收入相对较少；

二是人均基本运行支出水平较低，基本运行财政经费保障不足；

三是该所经济实力、资金支付能力有所下降。

(3)原因分析

部门预算财政保障水平低，基本运转支出过于依赖自筹经费。

3. 管理建议

一是加强开发创收，增强单位经济实力。继续完善开发创收机制，拓宽市场，丰富渠道，推出新产业，形成新动能，争取更多事业发展资金。继续推动植物园“二次创业”，与时俱进，做好转型升级。

二是强化履职定位，提升财政保障水平。提升履职能力，积极参与国家“一带一路”倡议，落实科技乡村振兴战略，参与海南自由贸易区自由贸易港建设，为国家和地方政府提供科技支撑，争取各类财政经费资助和有效引入社会资本。

三是加强财务管理，统筹资金安排。完善单位内控制度建设，认真落实各项财经政策，做到科学、合理、合规使用各项经费，提高财政经费使用效率。围绕“十四五”财经发展规划，强化科技创收能力，争取各类发展资金，为事业发展提高财力保障水平。

表 5—61　　研究所 14 财力保障水平指标测评结果　　单位:万元

项　目	上年指标值	当年指标值	当年全院平均	当年全院位次
1. 收入情况				
人均总收入	32.42	38.87	21.95	7
人均财政性资金	22.83	30.54	22.04	10
财政性资金占其总收入的比重(%)	70.44	78.57	87.50	14
财政性资金占全院的比重(%)	3.51	4.39	5.88	11
人均部门预算财政拨款	20.11	25.61	18.82	11
人均其他财政性拨款	2.72	4.93	3.23	9
人均非财政性资金	15.22	13.58	5.26	3
非财政性资金占其总收入的比重(%)	29.56	21.43	12.50	5
非财政性资金占全院的比重(%)	10.82	8.39	5.88	4
非财政性资金与财政性资金之比	0.42	0.27	0.14	6
人均非财政性资金与财政性资金之比	0.67	0.45	0.24	6
总收入增长率(%)	9.61	18.59	6.22	5
基本运行经费占总收入比例(%)	52.57	41.05	57.08	15
科研项目经费占总收入比例(%)	18.78	20.84	25	11
条件建设经费占总收入比例(%)	28.65	38.11	17.92	2
人均基本运行经费	17.04	15.96	12.53	10
人均财政性基本运行经费	7.27	6.95	10.98	14
在职在岗人员人均科研项目经费	9.67	13.32	19.14	11

续表

项　目	上年指标值	当年指标值	当年全院平均	当年全院位次
科研人员人均科研项目经费	18.06	26.40	27.40	7
在编在职人员人均条件建设经费	14.69	24.12	9.75	2
2. 支出情况				
人均基本运行支出	17.20	16.19	12.70	9
在职在岗人员人均支出	17.84	17.05	16.15	14
离休人员人均支出	6.75	0	22.87	8
退休人员人均支出	2.67	4.17	2.89	4
在职人员人均工资	15.42	14.03	13.78	13
在职人员人均基本工资	5.08	5.46	5.59	11
在职人员人均绩效津贴	10.33	8.57	8.20	13
在职人员人均绩效津贴是基本工资的倍数	2.03	1.57	1.47	12
在职在岗人员人均日常公用支出	3.87	3.06	8.25	15
在职人员人均财政性日常公用支出	1.84	1.28	5.41	14
在职人员日常公用总支出是财政性支出的倍数	2.11	2.39	1.53	3
在职在岗人员人均公务用车运行费	0.15	0.14	0.12	9
在职在岗人员人均接待费	0.02	0.02	0.01	4
在职在岗人员人均出国(境)费	0.44	0.59	0.43	4
在职在岗人员人均会议费	0	0.04	0.13	14
3. 竞争能力				
从业人员人均市场竞争收入	14.97	13.20	3.89	1
在职在岗人均竞争性科研项目经费	5.48	8.31	10.45	12
科研人员人均竞争性科研项目经费	10.22	16.47	19.87	11
4. 发展水平				

续表

项　目	上年指标值	当年指标值	当年全院平均	当年全院位次
人均收入增长率(%)	36.70	19.94	8.74	8
人均非财政性资金增长率(%)	73.98	−10.81	17.07	15
从业人员人均市场竞争收入增长率(%)	17.20	−11.87	15.16	14
科研人员人均竞争性科研项目经费增长率(%)	−34.06	61.1	48.22	4
5.财政保障率				
人员经费财政保障率(%)	32.25	37.47	78.21	17
绩效工资中财政性经费所占的比例(%)	0	0	59.90	17
在编在职人员支出财政保障率(%)	26.05	27.79	80.60	17
日常公用支出财政保障率(%)	47.70	41.90	65.55	15

表 5—62　　研究所 14 财力保障水平评价结果

评价指标			得分	全院位次
总体评价结果			437.96	5
1	经济实力评价结果		159.26	7
1.1	其中	人均总收入	177.08	7
1.2		人均财政性资金	138.55	10
1.3		人均非财政性资金	258.12	3
1.4		人均基本运行经费	127.34	10
1.5		人均科研经费	95.22	11
2	筹资能力评价结果		164.36	1
2.1	其中	人均市场竞争性收入	342.77	1
2.2		科研人员人均竞争性科研项目经费	82.89	11
2.3		人均总收入增长变动	111.20	8
2.4		非财政性资金人均收入增长变动	72.12	15
3	资金支付能力评价结果		114.33	10

续表

评价指标			得分	全院位次
3.1	其中	人均基本运行支出	127.49	9
3.2		人均人员支出	144.45	8
3.3		人均公用支出	37.05	15
3.4		在职人员绩效工资是基本工资的倍数	106.69	11
3.5		日常公用总支出是财政性公用支出的倍数	155.98	3

十六、研究所 15 财力保障水平分析报告(2019)

(一)总体收入情况分析

2019 年,研究所 15 总收入比上年增加了 3.84%,比全院平均增长率低 2.38%;人均总收入 22.41 万元,是全院平均水平的 1.02 倍。

研究所 15 财政性资金占全院的比重为 4.68%,占研究所 15 总收入的比重为 82.51%;人均财政性资金 19.23 万元,是全院平均水平的 0.87 倍,居于全院第 14 位;人均部门预算财政拨款 13.94 万元,是全院平均水平的 0.74 倍,居于全院第 14 位;人均其他财政性拨款 5.29 万元,比全院平均水平高 63.78%,居于全院第 7 位。

研究所 15 非财政性资金占全院的比重为 6.95%,占研究所 15 总收入的比重为 17.49%;人均非财政性资金 8.21 万元,居于全院第 8 位,是全院平均水平的 1.56 倍。研究所 15 收入来源主要依赖部门预算财政拨款和自主创收。从总体水平上看,研究所 15 总收入和人均总收入较上年有所提升,但人均总收入在全院排名靠后。由于该所为"拟转企所",相比院属其他非营利所及农业事业单位,财政资金支持力度偏低。

从收入总体情况分析,研究所 15 有如下优势:开发创收收入为全所的正常运转提供了财力支撑,一定程度上弥补了部门预算财政拨款公用经费和人员经费不足的问题。

同时,也存在以下不足:研究所 15 在 2019 年人均总收入全院排名第 14 位,人均财政性资金全院排名第 14 位,人均部门预算财政拨款全院排名第 14 位。

研究所15人均总收入、人均财政性资金较上年略有提升，人均部门预算财政拨款较上年略有降低，在全院排名仍很靠后，低于全院平均水平较多。

原因分析：

一是研究所15为“拟转企所”，财力历史基数较低，这几年虽然不断增长，但跟院其他所站横向对比差距仍然很大。

二是研究所15财政拨款水平相对较低，财政科研项目较少，人员经费财政拨款缺口较大，公用经费财政拨款严重不足。

三是资金缺口大，自主创收压力较大。创收收入虽有所提升，但仍需提高自主创收能力，提高自有资金支配率。

管理建议：

一是保持现有的增长模式，做到稳中有升，逐步缩短差距。

二是争取部门预算财政拨款的支持，提高科研实力及对外影响力，争取更多科研项目进入部门预算项目库。

三是加强自主创收能力，拓宽创收渠道，研发自主品牌，以品牌带动价值，产生稳定的创收收益。

（二）收入结构分析

2019年，研究所15非财政性资金与财政性资金之比为0.21∶1，比全院平均水平高51.44%；人均非财政性资金与财政性资金之比为0.43∶1，比全院平均水平高77.87%。在研究所15的资金结构中，财政性资金来源虽占了主要部分，但财政拨款水平在全院较低，非财政性资金占比在全院排名靠前。

2019年，研究所15基本运行经费占总收入的比重为55%，比全院平均水平低2.08%；科研项目经费占总收入的比重为29.24%，比全院平均水平高4.24%；条件建设经费占总收入的比重为15.76%，比全院平均水平低2.16%。按总人数计算，研究所15人均基本运行经费12.32万元，居于全院第12名；按科研人员数计算，人均科研项目经费24.77万元；按财政补助人员计算，研究所15人均财政性基本运行经费7.93万元；按在职人员计算，人均科研项目经费14.93万元，人均条件建设经费8.05万元。

从收入结构分析，研究所15有如下优势：研究所15在职在岗人员人均科研项目经费、科研人员人均科研项目经费较上年有所提升，其中，在职在岗人员人均科研项目经费在全院排名第 9 位，科研人员人均科研项目经费在全院排名第 8 位。

同时，也存在以下不足：研究所 15 在 2019 年人均基本运行经费全院排名第 12 位，人均财政性基本运行经费全院排名第 13 位。研究所 15 以上指标在全院排名相对靠后，低于全院平均水平。

原因分析：

一是研究所 15 人均总收入水平较低，人员经费、公用经费的财政资金保障率较低；

二是研究所 15 财政科研项目较少，部门预算财政拨款较上年略有降低。

管理建议：

一是事业单位分类改革，争取研究所 15 积极转型，切实争取提高部门预算财政拨款人员经费、公用经费；

二是积极争取部门预算财政拨款，重视开放式项目申报，争取财政科研项目立项，提高部门预算财政拨款项目经费；

三是增加创收收入，在保证人员经费的前提下加大基本运行的投入，打造良好的办公环境。

（三）支出结构分析

2019 年，研究所 15 人均基本支出 12.13 万元，比全院平均水平低 4.49 %。其中，按在职在岗人员计算，人均人员支出 17.6 万元，比全院平均水平高 8.98%；人均日常公用支出 4.02 万元，比全院平均水平低 4.23 万元。

按在职人员计算，研究所 15 人均工资 14.8 万元，比全院平均水平高 7.4%。其中：人均基本工资 5.54 万元，比全院平均水平低 0.89%；人均绩效工资 9.26 万元，是全院平均水平的 1.13 倍；人均绩效工资是基本工资的 1.67 倍。研究所 15 按在职人员计算的人均绩效工资在全院排名第 11 位，处于较低水平。

2019 年，研究所 15 用于在职人员经费的财政保障率为 61.67%，发放绩效工资的资金有 27.79%来源于财政拨款。

按在职人员计算，使用财政性经费安排的日常公用支出人均为 1.94 万元，比全院平均水平低 64.14%;在职人员日常公用总支出是财政性支出的 2.07 倍,是全院平均水平的 1.35 倍。

2019 年,研究所 15 的“三公”经费及会议费等项目支出比上年略有变化。按在职在岗人员计算,人均公务用车运行费为 0.04 万元,是全院平均水平的 0.33 倍;人均接待费 0.02 万元,与上年持平;人均出国(境)费 0.68 万元,是上年的 1.45 倍,高于全院平均人均水平 0.25 万元;人均会议费 0.01 万元,是全院平均水平的 0.08 倍。

从支出结构分析,研究所 15 有如下优势:

人均出国(境)费较上年稳步提升,高于院平均水平,在全院排名第 5 位。2019 年该所出国经费执行较好,国际合作创新不断加强。国际合作工作获得院里高度认可,荣获“2019 年度国际合作先进单位”称号,2 人荣获“国际合作先进个人”称号,2 个执行对外交流合作任务团组荣获“优秀出访团组”称号。

同时,也存在以下不足:除在职在岗人员人均接待费、在职在岗人员人均出国(境)费、在职人员日常公用总支出是财政性支出的倍数外,研究所 15 在 2019 年其他支出指标较全院水平排名相对靠后。特别是退休人员人均支出、在职在岗人员人均日常公用支出全院排名垫底。

原因分析:

一是研究所 15 人员经费财政保障率较低,研究所 15 创收还远远弥补不了资金缺口。造成在职人员、退休人员收入水平较低。

二是研究所 15 公用经费财政保障率太低,虽加大了自有资金公用经费的投入,但杯水车薪,缺口较大,造成日常公用水平较低。

管理建议:争取人员经费、日常公用经费部门预算财政拨款支持力度,多渠道增强自主创收能力,提高人均收入。

(四)竞争能力分析

2019 年,按从业人员数计算,研究所 15 的人均市场竞争收入为 6.99 万元,是全院平均水平的 1.8 倍,位居全院第 4 位,与上年持平,说明研究所 15 市场竞争能力发展较好。按在职人员数计算,人均竞争性科研项目经费为 12.6 万元,是全院平均水平的 1.21 倍,位居全院第 6 位;科研人员人均竞争性科研项目经费为 20.9 万元，是全院平均水平的 1.05 倍，位居全院第 6 位。

从竞争能力分析，研究所 15 有如下优势：

研究所 15 的从业人员人均市场竞争收入较上年提升较快，在全院排名第 4 位，在职在岗人均竞争性科研项目经费在全院排名第 6 位，科研人员人均竞争性科研项目经费在全院排名中等偏上。

原因分析：

一是研究所 15 近年加大了开发创收力度，同时也加大了开发创收投入，发展势头良好。

二是研究所 15 科研人员占在职人员比率较低，虽然人均竞争性科研项目经费排名中等偏上，但财政竞争性科研项目总量较低。

管理建议：

一是提升科研实力，重视开放式项目申报，进一步加强科研项目申报的组织和管理，把握机会进入部门预算项目库。

二是引进高层次人才作为团队带头人，打造科研实力较强的科研团队，加强科研人员的团队建设。

三是继续加大开发创收力度，激励全所职工积极参与。

（五）发展水平分析

2019 年，从收入变化来看，研究所 15 人均收入比上年提高 1.16%，比全院平均水平低 7.58%，位居全院第 10 位，其中，人均非财政性资金比上年提高 5.06%，比全院平均水平低 12.01%。从竞争性收入变化来看，从业人员的人均竞争性收入比上年提高 8.16%，比全院平均水平低 7%，科研人员人均竞争性科研项目经费比上年提高 44.7%，比全院平均水平低 3.52%。

从发展水平分析，研究所 15 有如下优势：

研究所 15 在 2019 年人均非财政性资金、从业人员的人均竞争性收入增长率在全院排名中等。

原因分析：研究所 15 发展势头良好，在财政拨款、自主创收等方面较上年有所提高。

管理建议：

一是保持良好的发展势头，做到稳中有升。

二是多渠道提高财政拨款收入及自主创收收入。

三是增强科研竞争能力和科研成果转换能力，提高可持续发展水平。

四是加强与地方政府的合作，提高对外影响力，打造研究所 15 的自主品牌。

（六）财政保障程度分析

2019 年，研究所 15 人员经费财政保障率为 66.4%，比全院平均水平低 11.81%，排在全院第 10 位；绩效工资中财政性经费所占的比例为 27.79%，比全院平均水平低 32.11%，排在全院第 11 位；在编在职人员支出财政保障率为 61.67%，比全院平均水平低 18.93%，排在全院第 10 位；日常公用支出财政保障率为 48.27%，比全院平均水平低 17.28%，排在全院第 13 位。

从财政保障程度分析，研究所 15 存在以下不足：

一是人员经费、绩效工资及在编在职人员支出的财政保障率均低于全院平均水平。

二是日常公用支出财政保障率较低，在院排名倒数第 5 位。

原因分析：

一是研究所 15 的部门预算基本支出财政拨款较低。因定位为拟转企所，近几年基本支出增幅有限，财政拨款总量增幅不大。

二是 2019 年研究所 15 开发创收收入有所提升，进一步加大了财政保障率。

管理建议：积极向上级主管部门争取人员经费和日常公用经费部门预算财政拨款，提高财政保障率，以更好更快地发展研究所 15。

（七）财力保障水平评价

按设定的指标体系和评价方法计算，研究所 15 财力保障总体水平在全院 17 家单位中居于第 13 位，比上年降低了 3 位。具体来看，经济实力在全院各单位中居第 14 位，比上年提高了 1 位；筹资能力在全院各单位中居于第 6 位，比上年降低了 2 位；资金支付能力在全院各单位中居于第 12 位，与上年持平。

研究所 15 财力保障总体水平在全院排名较上年有所降低，在全院各单位中水平相对较低，居于全院第 13 位。较 2018 年排名降低了 3 位，说明研究所 15

在 2019 年的全院排名不高，整体经济实力还是较弱，不利于日常各项重点工作的开展。主要是研究所 15 为“拟转企所”，财政拨款保障水平较低，资金缺口较大，创收压力较大。

通过总体分析，研究所 15 存在以下问题：

一是总体经济实力较低，主要表现为总收入、财政性资金、基本运行经费等人均水平较低，在院排名靠后。

二是资金支付能力较弱。主要表现为基本运行支出、人员支出、公用支出等人均值较低，在院排名末位。

原因分析：研究所 15 总体收入水平较上年有所增长，但资金缺口依然很大。一是研究所 15 为“拟转企所”，财政资金保障率较低；二是研究所 15 自主创收能力较上年虽然有所提升，但依然不足，需要稳步提升。

管理建议：

一是部署战略管理，凝聚力量聚焦方向，促进可持续发展，建立全所绩效目标管理体系。

二是抓实科技创新，解决行业重大难题；强化科研项目管理，抓重大科研项目策划申报；深化国际合作，服务外交支撑企业。

三是挖掘转化潜力，确保创收收入不减，进一步挖掘潜能，规范开发管理。做强做大做优“三株苗、两袋肥、两只蜂”优势科技产业；挖掘有市场开发潜力的技术成果，争取知识产权合作开发收入；大力推进商誉商标等的转化，加快资源开发利用；加强成果转化管理，推行流程标准化管理。

四是做好科技服务，支持乡村振兴战略，加强与市县农业农村局、林业局、科工信局等部门的科技服务合作，在新品种推广、病虫害防治、科技培训等方面提供技术服务。

五是抓好人才引培，打造高绩效团队。构建团结一致、分工合作、积极作为的科研、管理、服务团队，让科研走向计划化、管理和服务走向标准化、辅助工人走向定量化。

六是加强财务管理，统筹资金安排，完善财务内部控制制度。积极引入财务管理信息系统，让财务的工作重心从繁琐的基础工作转为财务统筹调控，为该所的发展建设提供财务合理的建议和规划。

表 5—63 **研究所 15 财力保障水平指标测评结果** 单位:万元

项目	上年指标值	当年指标值	当年全院平均	当年全院位次
1.收入情况				
人均总收入	22.15	22.41	21.95	14
人均财政性资金	18.47	19.23	22.04	14
财政性资金占其总收入的比重(%)	83.38	82.51	87.50	10
财政性资金占全院的比重(%)	4.81	4.68	/	9
人均部门预算财政拨款	15.94	13.94	18.82	14
人均其他财政性拨款	2.53	5.29	3.23	7
人均非财政性资金	7.77	8.21	5.26	8
非财政性资金占其总收入的比重(%)	16.62	17.49	12.50	8
非财政性资金占全院的比重(%)	7.05	6.95	/	5
非财政性资金与财政性资金之比	0.2	0.21	0.14	8
人均非财政性资金与财政性资金之比	0.42	0.43	0.24	6
总收入增长率(%)	5.60	3.84	6.22	10
基本运行经费占总收入比例(%)	51.19	55.00	57.08	10
科研项目经费占总收入比例(%)	19.32	29.24	25.00	7
条件建设经费占总收入比例(%)	29.50	15.76	17.92	10
人均基本运行经费	11.34	12.32	12.53	12
人均财政性基本运行经费	7.25	7.93	10.98	13
在职在岗人员人均科研项目经费	9.04	14.93	19.14	9
科研人员人均科研项目经费	19.00	24.77	27.4	8

续表

项　目	上年指标值	当年指标值	当年全院平均	当年全院位次
在编在职人员人均条件建设经费	13.8	8.05	9.75	10
2.支出情况				
人均基本运行支出	11.34	12.13	12.7	13
在职在岗人员人均支出	13.8	17.6	16.15	10
离休人员人均支出	/	/	22.87	/
退休人员人均支出	2.02	2.36	2.89	16
在职人员人均工资	12.39	14.8	13.78	11
在职人员人均基本工资	5.19	5.54	5.59	9
在职人员人均绩效津贴	7.20	9.26	8.2	11
在职人员人均绩效津贴是基本工资的倍数	1.39	1.67	1.47	9
在职在岗人员人均日常公用支出	5.17	4.02	8.25	14
在职人员人均财政性日常公用支出	1.99	1.94	5.41	13
在职人员日常公用总支出是财政性支出的倍数	2.60	2.07	1.53	5
在职在岗人员人均公务用车运行费	0.09	0.04	0.12	16
在职在岗人员人均接待费	0.02	0.02	0.01	4
在职在岗人员人均出国(境)费	0.47	0.68	0.43	5
在职在岗人员人均会议费	0.09	0.01	0.13	15
3.竞争能力				
从业人员人均市场竞争收入	6.46	6.99	3.89	4
在职在岗人均竞争性科研项目经费	6.87	12.6	10.45	6
科研人员人均竞争性科研项目经费	14.45	20.90	19.87	6
4.发展水平				

续表

项　目	上年指标值	当年指标值	当年全院平均	当年全院位次
人均收入增长率(%)	7.35	1.16	8.74	10
人均非财政性资金增长率(%)	29.44	5.06	17.07	6
从业人员人均市场竞争收入增长率(%)	41.60	8.16	15.16	7
科研人员人均竞争性科研项目经费增长率(%)	−8.30	44.70	48.22	7
5.财政保障率				
人员经费财政保障率(%)	67.46	66.40	78.21	10
绩效工资中财政性经费所占的比例(%)	31.33	27.79	59.90	11
在编在职人员支出财政保障率(%)	62.17	61.67	80.60	10
日常公用支出财政保障率(%)	38.46	48.27	65.55	13

表 5—64　　研究所 15 财力保障水平评价结果

评价指标			得分	全院位次
总体评价结果			332.62	13
1	总体经济实力评价结果		110.1	14
1.1	其中	人均总收入	102.08	14
1.2		人均财政性资金	87.26	14
1.3		人均非财政性资金	156.08	8
1.4		人均基本运行经费	98.35	12
1.5		人均科研经费	106.75	9
2	筹资能力评价结果		122.23	6
2.1	其中	人均市场竞争性收入	181.6	4
2.2		科研人员人均竞争性科研项目经费	105.2	6
2.3		人均总收入增长变动	92.42	10
2.4		非财政性资金人均收入增长变动	88.53	6
3	资金支付能力评价结果		100.29	12

续表

评价指标			得分	全院位次
3.1	其中	人均基本运行支出	95.49	13
3.2		人均人员支出	108.12	13
3.3		人均公用支出	48.7	14
3.4		在职人员绩效工资是基本工资的倍数	113.73	9
3.5		日常公用总支出是财政性公用支出的倍数	135.41	5

十七、附属单位1财力保障水平分析报告(2019)

(一)总体收入情况分析

2019年,附属单位1总收入比上年减少了15.36%,比全院平均增长率低21.58%;人均总收入10.18万元,是全院平均水平的47%。

附属单位1财政性资金占全院的比重为1.69%,占附属单位1总收入的比重为76.19%;人均财政性资金为8.77万元,人均部门预算财政拨款8.68万元,是全院平均水平的46%,居于全院第16位;人均其他财政性拨款0.1万元,比全院平均水平低96.9%,居于全院第17位。

附属单位1非财政性资金占全院的比重为3.7%,占附属单位1总收入的比重为23.81%;人均非财政性资金5.01万元,居于全院第10位,是全院平均水平的0.04倍。

从收入总体情况分析,附属单位1存在以下不足:

一是人均财政性资金收入在院里排名比较靠后,远低于院平均水平;

二是非财政性资金来源存在很大的不稳定性,受经营环境影响较大,非财政性资金来源不足。

原因分析:该单位财政性收入比较单一,无项目经费来源。非财政性资金主要是经营收入所得,受经营环境影响较大,存在着很大的不稳定性。

管理建议:该单位应积极探索经营创收新渠道,不断调整经营方式,改变经营策略,提高各经营实体的市场竞争能力,增加收入。同时积极主动争取财政项目经费支持。

(二)收入结构分析

2019 年,附属单位 1 非财政性资金与财政性资金之比为 0.31 ,是全院平均水平的 2.21 倍;人均非财政性资金与财政性资金之比为 0.57,比全院平均水平高 137.94%。说明在附属单位 1 的资金结构中,财政性资金来源占了主要部分。

2019 年,附属单位 1 基本运行经费占总收入的比重为 100 %,比全院平均水平高 42.92%。按总人数计算,附属单位 1 人均基本运行经费 10.18 万元,居于全院第 16 名;按财政补助人员计算,附属单位 1 人均财政性基本运行经费 8.68 万元;该单位无科研项目经费和条件建设经费。

从收入结构分析,财政性资金是该单位收入的主要来源。但该单位人均基本运行经费在全院排名中等偏下,人均财政性基本运行经费较低。

原因分析:财政资金来源较少。

管理建议:积极主动争取财政性资金支持。

(三)支出结构分析

2019 年,附属单位 1 人均基本支出为 10.1 万元,比全院平均水平低 18.36%。其中,按在职在岗人员计算,人均人员支出 13.06 万元,比全院平均水平低 19.13%;人均日常公用支出为 6.37 万元,比全院平均水平低 22.97%。

按在职人员计算,附属单位 1 人均工资为 13.5 万元,比全院平均水平低 2%。其中:人均基本工资 8.56 万元,比全院平均水平高 5.31%;人均绩效工资 4.93 万元,是全院平均水平的 0.39 倍;人均绩效工资是基本工资的 0.58 倍。附属单位 1 按在职人员计算的人均绩效工资在全院处于偏低水平。

2019 年,附属单位 1 用于在职人员经费的财政保障率为 74.41%,发放绩效工资的资金有 0.96%来源于财政拨款。

按在职人员计算,使用财政性经费安排的日常公用支出人均为 4.87 万元,比全院平均水平低 10%;在职人员日常公用总支出是财政性支出的 1.31 倍,比全院平均水平低 14.38%。

2019 年,附属单位 1 的“三公”经费及会议费等项目支出与上年持平,按在职在岗人员计算，人均公务用车运行费为 0.06 万元，是全院平均水平的 50%；人均接待费 0.01 万元，与上年持平，与全院平均水平持平；无出国（境）费；会议费支出 1.24 万元，人均支出 0.01 万元。

从支出结构分析，中心人员经费低于院平均水平，人员经费财政保障率低于院平均水平，绩效工资主要来源于财政性资金。

同时也存在以下不足：

其一，财政拨款人员经费未能满足满额工资发放；

其二，在职在岗人员人均支出水平排名靠后；

其三，编外人员较多，每年需要该类人员经费较大。

原因分析：单位创收能力较低，人员经费压力较大。

管理建议：提高日常公用经费使用绩效，创造新的创收平台，提高创收能力，解决人员经费财政拨款不足。

（四）竞争能力分析

2019 年，按从业人员数计算，附属单位 1 的人均市场竞争收入 4.38 万元，是全院平均水平的 1.13 倍，位居全院第 8 名，说明附属单位 1 市场竞争能力较上年相比有所上升。

附属单位 1 无竞争性科研项目经费及科研人员。附属单位 1 的市场竞争水平在全院排在偏下水平，与上年相比有所下降。单位创收主要来源于经营收入所得，受经营环境影响较大，仍存在着诸多不稳定性因素。

（五）发展水平分析

2019 年，从收入变化来看，附属单位 1 人均收入比上年减少 16.94 %，增长率比全院平均水平低 25.68%，位居全院第 16 位，其中，人均非财政性资金比上年增加 66.81%，比全院平均水平高 49.74%。从竞争性收入变化来看，从业人员的人均竞争性收入比上年高 71.57%，比全院平均水平高 56.41%，附属单位 1 无科研项目经费和科研人员。

从发展水平分析，人均收入较上年有所增加。但人均非财政性资金呈现负增长，低于院平均水平，在院排名垫底；从业人员人均市场竞争收入出现增长，高于院平均水平，在院排名靠前。相比上年经营渠道有所拓宽，努力提高创收能力。

（六）财政保障程度分析

2019 年，附属单位 1 人员经费财政保障率为 75.33%，比全院平均水平低 3.24%，排在全院第 8 位；绩效工资中财政性经费所占的比例为 0.96%，比全院平均水平低 58.94%，排在全院第 14 位；在编在职人员支出财政保障率为 74.41%，比全院平均水平低 6.19%，排在全院第 9 位；日常公用支出财政保障率为 76.49%，比全院平均水平高 11.04%，排在全院第 6 位。

从财政保障程度分析，附属单位 1 人员经费财政保障率较低，在院排名靠后，对在编人员经费支出保障不高。日常公用支出保障率稍高，处于全院中上等水平。

（七）财力保障水平评价

按设定的指标体系和评价方法计算，附属单位 1 财力保障总体水平在全院 17 家单位中居于第 16 位，比上年上升了 1 位。具体来看，经济实力在全院各单位中居第 16 位，与上年位次一致；筹资能力在全院各单位中居于第 8 位，比上年上升了 8 位；资金支付能力在全院各单位中居于第 16 位，与上年位次一致。

附属单位 1 财力保障总体水平偏低，主要是单位财政拨款水平较低，加上单位自身创收能力相对有限，经济总量比较小，经济实力相对较弱。

管理建议：加强开发创收，增强经济实力；加强内控体系建设，合理控制安排支出，减少不必要的开支。

表 5—65　　附属单位 1 财力保障水平指标测评结果　　单位：万元

项　目	上年指标值	当年指标值	当年全院平均	当年全院位次
1. 收入情况				
人均总收入	12.25	10.18	21.95	16
人均财政性资金	11.91	8.77	22.04	16
财政性资金占其总收入的比重（%）	87.55	76.19	/	/

续表

项　目	上年指标值	当年指标值	当年全院平均	当年全院位次
财政性资金占全院的比重(%)	2.42	1.69	/	15
人均部门预算财政拨款	11.81	8.68	18.82	16
人均其他财政性拨款	0.10	0.1	3.23	17
人均非财政性资金	3.01	5.01	5.26	10
非财政性资金占其总收入的比重(%)	12.45	23.81	/	/
非财政性资金占全院的比重(%)	2.54	3.7	/	13
非财政性资金与财政性资金之比	0.14	0.31	0.14	/
人均非财政性资金与财政性资金之比	0.25	0.57	0.24	/
总收入增长率(%)	24.52	−15.36	6.22	16
基本运行经费占总收入比例(%)	100.00	100.00	57.08	/
科研项目经费占总收入比例(%)	/	/	25	/
条件建设经费占总收入比例(%)	/	/	17.92	/
人均基本运行经费	12.25	10.18	12.53	16
人均财政性基本运行经费	11.81	8.68	10.98	16
在职在岗人员人均科研项目经费	/	/	19.14	/
科研人员人均科研项目经费	/	/	27.4	/
在编在职人员人均条件建设经费	/	/	9.75	/
2.支出情况				
人均基本运行支出	6.02	10.1	12.7	16
在职在岗人员人均支出	10.76	13.06	16.15	15
离休人员人均支出	/	/	22.87	/
退休人员人均支出	2.49	2.82	2.89	12
在职人员人均工资	8.58	13.5	13.78	14
在职人员人均基本工资	5.42	8.56	5.59	1

续表

项　目	上年指标值	当年指标值	当年全院平均	当年全院位次
在职人员人均绩效津贴	3.16	4.93	8.2	17
在职人员人均绩效津贴是基本工资的倍数	0.58	0.58	1.47	17
在职在岗人员人均日常公用支出	10.69	6.37	8.25	11
在职人员人均财政性日常公用支出	8.76	4.87	5.41	9
在职人员日常公用总支出是财政性支出的倍数	1.22	1.31	1.53	13
在职在岗人员人均公务用车运行费	0.09	0.06	0.12	14
在职在岗人员人均接待费	0.003	0.01	0.01	8
在职在岗人员人均出国(境)费	/	/	0.43	/
在职在岗人员人均会议费	/	0.01	0.13	15
3. 竞争能力				
从业人员人均市场竞争收入	2.56	4.38	3.89	1
在职在岗人均竞争性科研项目经费	/	/	10.45	/
科研人员人均竞争性科研项目经费	/	/	19.87	/
4. 发展水平				
人均收入增长率(%)	26.42	−16.94	8.74	16
人均非财政性资金增长率(%)	−21.01	66.81	17.07	2
从业人员人均市场竞争收入增长率(%)	−30.53	71.57	15.16	1
科研人员人均竞争性科研项目经费增长率(%)	/	/	48.22	/
5. 财政保障率				
人员经费财政保障率(%)	92.54	75.33	78.21	8
绩效工资中财政性经费所占的比例(%)	96.00	0.96	59.9	14
在编在职人员支出财政保障率(%)	98.82	74.41	80.6	9
日常公用支出财政保障率(%)	81.97	76.49	65.55	6

表 5—66　　　　　　　　附属单位 1 财力保障水平评价结果

评价指标			得分	全院位次
总体评价结果			250.52	16
1	经济实力评价结果		65.68	16
1.1	其中	人均总收入	46.37	16
1.2		人均财政性资金	39.81	16
1.3		人均非财政性资金	95.34	10
1.4		人均基本运行经费	81.23	16
1.5		人均科研经费	—	—
2	筹资能力评价结果		112.58	8
2.1	其中	人均市场竞争性收入	113.87	8
2.2		科研人员人均竞争性科研项目经费	—	—
2.3		人均总收入增长变动	74.32	16
2.4		非财政性资金人均收入增长变动	149.74	3
3	资金支付能力评价结果		72.25	16
3.1	其中	人均基本运行支出	79.55	16
3.2		人均人员支出	79.82	16
3.3		人均公用支出	77.24	11
3.4		在职人员绩效工资是基本工资的倍数	39.2	16
3.5		日常公用总支出是财政性公用支出的倍数	85.45	12

十八、附属单位 2 财力保障水平分析报告(2019)

(一)总体收入情况分析

2019 年,附属单位 2 总收入比上年减少了 5.04%,比全院平均增长率低 11.26%;人均总收入 5.28 万元,占全院平均水平的 24.05%。

附属单位 2 财政性资金占全院的比重为 10.82%,占附属单位 2 总收入的比重为 92.04%;人均财政性资金 5.86 万元,是全院平均水平的 26.59%,居于全院第 17 位;人均部门预算财政拨款 5.75 万元,是全院平均水平的 30.55%,居于全院第 17 位;人均其他财政性拨款 0.11 万元,是全院平均水平的 3.41%,居于全院第 16 位。

附属单位 2 非财政性资金占全院的比重为 6.55%,占附属单位 2 总收入的比重为 7.96%;人均非财政性资金 1.17 万元,居于全院第 17 位,是全院平均水平的 22%。

从收入总体情况分析,附属单位 2 有如下优势:经济总量较大,表现为总收入全院第 2、财政性资金收入全院第 3、非财政性资金收入全院第 6。

同时,也存在以下不足:

一是各项收入人均指标远远低于平均水平,居全院末位。由于附属单位 2 总人数全院最多,占全院的 42.73%,特别是编外长期聘用人员较多,占全院的 56.41%,导致各项人均收入指标全院最低。

二是近年来总收入水平呈减少趋势,自有收入逐年减少,支出基本依赖财政资金,处于"入不敷出"的状态。

三是自有收入结构单一,自身创收能力较弱,对资金使用的调控和自主安排事项的统筹能力不足,综合实力不强。

管理建议:

一是保障现有财政经费支持力度,减人不减资,保障挂靠所的基本科研业务费项目和基建修购项目的支持力度,争取更多科研项目"落户"附属单位 2,多种渠道促进附属单位 2 改革与发展。

二是进行产业结构调整,发展多种经营,借助建设科技博览园的契机,拓展对外合作,加大科研成果转化力度,提高创收收入。

(二)收入结构分析

2019 年,附属单位 2 非财政性资金与财政性资金之比为 0.09,比全院平均水平低 35.71%;人均非财政性资金与财政性资金之比为 0.20,比全院平均水平低 16.67%。说明附属单位 2 资金结构中,财政性资金占了绝大部分。

2019 年,附属单位 2 基本运行经费占总收入的比重为 100%,比全院平均水平高 42.92%。按总人数计算,附属单位 2 人均基本运行经费 5.28 万元,居于全院第 17 名;按财政补助人员计算,附属单位 2 人均财政性基本运行经费 5.75 万元。同时附属单位 2 无直接的科研项目经费、条件建设经费。

从收入结构分析,附属单位 2 虽然基本运行经费总量全院第一,但是存在以下不足:

一是人均基本运行经费居全院末位。

二是没有直接的科研项目经费和条件建设经费,缺乏科研竞争实力和可持续性发展的保障能力。

三是自有收入严重不足,基本上依赖财政资金。

四是争取其他中央部门和地方财政资金能力欠缺。

原因分析:

一是附属单位 2 作为院的试验基地,为科研提供服务和辅助管理,仅属于内设机构,不具备独立的事业法人资格,不能直接申报科研和条件建设项目,难以争取地方优惠政策和资金。

二是产业结构单一,自身创收能力较弱,现阶段主要依赖橡胶产品收入,其他经济收入尚未成规模。

管理建议:

一是借助建设科技博览园的契机,争取项目落户附属单位 2。

二是进行产业结构调整,加强自主品牌建设与推广、发展多种经营,拓展对外合作,加大科研成果转化力度,提高创收收入。

(三)支出结构分析

2019 年,附属单位 2 人均基本支出为 5.13 万元,比全院平均水平低 59.61%。其中,按在职在岗人员计算,人均人员支出 8.1 万元,比全院平均水平低 49.85%;人均日常公用支出 2.01 万元,比全院平均水平低 75.64%。

按在职人员计算,附属单位 2 人均工资为 6.6 万元,比全院平均水平低 52.10%。其中:人均基本工资 4.08 万元,比全院平均水平低 27.01%;人均绩效工资 2.52 万元,是全院平均水平的 0.69 倍;人均绩效工资是基本工资的 0.62 倍。附属单位 2 按在职人员计算的人均绩效工资在全院处于第 16 位。

2019 年,附属单位 2 用于在职人员经费的财政保障率为 171.35%,发放绩效工资的资金有 329.25%来源于财政拨款。实际情况为降低编内在职人员工资水平,维持编外长聘人员工资支出。

按在职人员计算,日常公用支出人均为 2.01 万元,是全院平均水平的 24.36%,其中使用财政性经费安排的日常公用支出人均为 1.42 万元,是全院平均水平的 26.25%。日常运转支出是财政性支出的 1.42 倍。

2019 年,附属单位 2 的“三公”经费继续维持较低水平,按在职在岗人员计算,人均公务用车运行费 0.04 万元,是全院平均水平的 66.67%;人均接待费不足 50 元,比上年大幅减少,比全院平均水平少 0.01 万元;无出国(境)费、会议费。

从支出结构分析,附属单位 2 存在的不足是人员支出水平和公用支出水平偏低,全院排名末位,不利于人才引进和事业发展。

原因分析:

一是附属单位 2 除了在编职工和退休人员较多外,同时还有很大一部分编外长聘人员和一部分“三老五保”人员。

二是附属单位 2 自有收入严重不足,缺口较大。现行体制下,短期内这种情况难以改变。

三是附属单位 2 一直承担着儋州院区的大部分社会职能,包括土地维护、计划生育、森林防火、卫生防疫、禁毒禁赌、人口普查等。

(四)竞争能力分析

2019 年,按从业人员数计算,附属单位 2 的人均市场竞争收入为 1.01 万元,比全院平均水平少 2.88 万元,位居全院第 17 位,市场竞争能力薄弱。

附属单位 2 主要职能为院所科研提供服务和辅助管理,由于体制原因,没有独立的事业法人资格,不能直接申报竞争性科研项目经费;自身创收能力薄弱、来源单一,现阶段主要依赖橡胶产品收入、多种经营尚未形成规模,难以抵御市场风险。

管理建议:继续开拓多种经营,特别是推广自主品牌的农产品和引进企业合作,形成较为稳定的竞争性收入增长机制。

（五）发展水平分析

2019年，从收入变化来看，附属单位2人均收入比上年降低2.74%，比全院平均水平低11.48%，位居全院第12名，其中，人均非财政性资金比上年增加3.02%，比全院平均水平低14.05%。从竞争性收入变化来看，从业人员的人均竞争性收入比上年增加2.40%，比全院平均水平低12.76%。

附属单位2创收总量偏低，结构单一，市场竞争力较弱。同时无竞争性科研项目经费，发展较慢。

管理建议：

一是借助建设科技博览园的东风，争取更多的项目落户。

二是进行产业结构调整，发展多种经营，拓展对外合作，加大科研成果转化力度，提高创收收入。

（六）财政保障程度分析

2019年，附属单位2人员经费财政保障率为102.17%，比全院平均水平高23.96%，排在全院第2位；财政性人员经费可用于绩效工资发放的比例较高，财政性经费绩效性工资保障程度达329.25%，比全院平均水平高269.35%，排在全院第1位；在编在职人员支出财政保障率为171.35%，比全院平均水平高90.75%，排在全院第1位；日常公用支出财政保障率为70.60%，比全院平均水平高5.15%，排在全院第9位。

从数据上看，附属单位2财政人员经费总量非常大、财政经费保障率远超院所各单位，实际情况是，附属单位2除了在编职工和退休人员较多外，同时还有很大一部分编外长聘人员。自有收入严重不足，缺口较大，只能统筹安排在职人员和退休人员的财政经费，降低在编人员支出水平。

附属单位2人均保障水平远远低于院所各单位，虽然基本保障了单位的运转，但是严重缺乏发展经费，影响单位的人才稳定、科研任务的开展、科研成果转化等职能的履行和单位的发展。

（七）财力保障水平评价

按设定的指标体系和评价方法计算，附属单位2财力保障总体水平在全院

17 家单位中居于最后一位，与上年位次一致。具体来看，经济实力在全院各单位中居最后一位，与上年位次一致；筹资能力在全院各单位中居于第 15 位，比上年上升了 1 位；资金支付能力在全院各单位中居于最后一位，与上年位次一致。

附属单位 2 财力保障总体水平较弱，存在如下问题：

一是筹资能力一般，资金调控能力较弱，主要表现为没有科研项目经费和条件建设经费；非财政性资金的收入呈递减的趋势，自有收入来源单一，主要依靠橡胶收入，近几年来橡胶价格持续低迷，产业结构调整正在进行，多种经营尚未形成规模。

二是用于保障基本运转的支出比重较大，受自有收入限制，自主安排用于条件建设和事业发展的经费比重偏低，没有相应的财政项目经费。不利于单位的长期可持续发展。

三是附属单位 2 经费来源于 6 个所，各所标准不一，差异较大，同时自有收入严重不足，缺口较大，只能统筹安排在职人员和退休人员的财政经费，降低在编人员支出水平。现行体制下，短期内这种情况难以改变。

事业单位体制改革和国库支付的监管进一步加强，对附属单位 2 的经费拨付渠道造成巨大影响，财政经费无法转拨到附属单位 2 统筹使用，将造成附属单位 2 经费危机。

改进管理的建议：

一是强化科研管理，拓展科研经费来源渠道，借助建设科技博览园的契机，争取更多的项目经费落户附属单位 2。

二是进行产业结构调整，充分利用土地资源和各所的技术支持，加强自主品牌建设，发展多种经营，拓展对外合作，加大科研成果转化力度，提高创收收入。

三是成立独立事业法人机构，解决附属单位 2 的财政收支风险及涉税业务问题。同时院持续给予财力支持，保障附属单位 2 的改革能够平稳过渡。

四是加强财务管理，统筹资金安排，严格控制和压缩一般性支出，降低运行成本，完善内控监督，依法理财，防范财务风险，争取引入财务信息化管理系统，减少财务烦琐的基础核算工作量，提升财务管理能力，当好场领导的参谋。

表 5—67　　附属单位 2 财力保障水平指标测评结果　　单位:万元

项　目	上年指标值	当年指标值	当年全院平均	当年全院位次
1. 收入情况				
人均总收入	5.43	5.28	21.95	17
人均财政性资金	6.04	5.86	22.04	17
财政性资金占其总收入的比重(%)	92.09	92.04	87.50	/
财政性资金占全院的比重(%)	12.04	10.82	/	3
人均部门预算财政拨款	5.89	5.75	18.82	17
人均其他财政性拨款	0.15	0.11	3.23	16
人均非财政性资金	1.14	1.17	5.26	17
非财政性资金占其总收入的比重(%)	7.91	7.96	12.50	/
非财政性资金占全院的比重(%)	7.60	6.55	/	6
非财政性资金与财政性资金之比	0.09	0.08	0.14	/
人均非财政性资金与财政性资金之比	0.19	0.20	0.24	/
总收入增长率(%)	—1.76	—5.04	6.22	13
基本运行经费占总收入比例(%)	100	100	57.08	/
科研项目经费占总收入比例(%)	/	/	25	/
条件建设经费占总收入比例(%)	/	/	17.92	/
人均基本运行经费	5.43	5.28	12.53	17
人均财政性基本运行经费	5.78	5.75	10.98	17
在职在岗人员人均科研项目经费	/	/	19.14	/
科研人员人均科研项目经费	/	/	27.40	/
在编在职人员人均条件建设经费	/	/	9.75	/
2. 支出情况				
人均基本运行支出	4.67	5.13	12.70	17
在职在岗人员人均支出	6.62	8.10	16.15	17

续表

项　目	上年指标值	当年指标值	当年全院平均	当年全院位次
离休人员人均支出	13.85	12.91	22.87	17
退休人员人均支出	2.37	2.72	2.89	14
在职人员人均工资	5.4	6.6	13.78	17
在职人员人均基本工资	3.33	4.08	5.59	17
在职人员人均绩效津贴	2.07	2.52	8.20	17
在职人员人均绩效津贴是基本工资的倍数	0.62	0.62	1.47	16
在职在岗人员人均日常公用支出	2.02	2.01	8.25	16
在职人员人均财政性日常公用支出	1.31	0.83	5.41	13
在职人员日常公用总支出是财政性支出的倍数	1.54	1.42	1.53	9
在职在岗人员人均公务用车运行费	0.02	0.04	0.12	17
在职在岗人员人均接待费	0.01	0.004	0.01	17
在职在岗人员人均出国(境)费	/	/	0.43	/
在职在岗人员人均会议费	/	/	0.13	/
3.竞争能力				
从业人员人均市场竞争收入	0.98	1.01	3.89	17
在职在岗人均竞争性科研项目经费	/	/	10.45	/
科研人员人均竞争性科研项目经费	/	/	19.87	/
4.发展水平				
人均收入增长率(%)	3.46	−2.74	8.74	12
人均非财政性资金增长率(%)	−12.95	3.02	17.07	12
从业人员人均市场竞争收入增长率(%)	−2.66	2.4	15.16	9
科研人员人均竞争性科研项目经费增长率(%)	/	/	48.22	/
5.财政保障率				

续表

项 目	上年指标值	当年指标值	当年全院平均	当年全院位次
人员经费财政保障率(%)	105.44	102.17	78.21	2
绩效工资中财政性经费所占的比例(%)	348.99	329.25	59.90	1
在编在职人员支出财政保障率(%)	177.72	171.35	80.60	1
日常公用支出财政保障率(%)	64.77	70.60	65.55	9

表 5—68 附属单位 2 财力保障水平评价结果

评价指标			得分	全院位次
总体评价结果			147.82	17
1	经济实力评价结果		28.77	17
1.1	其中	人均总收入	24.07	17
1.2		人均财政性资金	26.57	17
1.3		人均非财政性资金	22.26	17
1.4		人均基本运行经费	42.16	17
1.5		人均科研经费	/	/
2	筹资能力评价结果		68.91	15
2.1	其中	人均市场竞争性收入	26.16	17
2.2		科研人员人均竞争性科研项目经费	/	/
2.3		人均总收入增长变动	88.52	13
2.4		非财政性资金人均收入增长变动	85.95	12
3	资金支付能力评价结果		50.14	17
3.1	其中	人均基本运行支出	40.42	17
3.2		人均人员支出	51.31	17
3.3		人均公用支出	24.31	16
3.4		在职人员绩效工资是基本工资的倍数	42.07	16
3.5		日常公用总支出是财政性公用支出的倍数	92.58	9

第二节 财力保障能力趋势分析与评价

一、趋势分析的必要性

长期趋势是现象运动和发展变化的基本态势，这种态势不仅存在于过去，而且还可能延伸到未来。因此，对时间数列长期趋势的研究，可以帮助我们对现象的前景和将来的状况进行预测。时间数列之所以存在长期趋势，是因为现象受到某些基本的、决定性因素的影响。这些起着支配作用的因素，其影响越强烈，时间数列的长期趋势就越明显。由此，通过对时间数列长期趋势的分析，可以掌握现象发展、变化的内在机理，可以评价过去所采取的方针措施的成效。测定长期趋势，把它从时间数列中分离出来，有助于更好地研究季节变动、循环变动和不规则变动。对于科学事业单位的财力保障能力的趋势分析也十分有必要，通过趋势分析可以帮助我们了解单位发展变化趋势，掌握发展规律，探究影响因素，有针对性地改进存在的问题，把握发展方向，较为精准地提升财力保障能力。

本团队自编制 2013 年度院属单位财力保障水平分析报告以来，距今已有 7 年。为更直观地跟踪分析各单位近年来的财力保障情况变化趋势，我们在计算各单位总体经济实力、筹资能力、资金支付能力、综合评价等指标得分的同时，也编制了这几项总分的趋势图。

二、趋势分析与评价

(一)单位整体经济实力趋势分析

从以下“各单位整体经济实力趋势图(2013—2019 年)”(见图 5—2)可以看出，在 2013—2016 年间，中国热带农业科学院整体经济实力平稳向上，各研究所变化趋势大致与院整体发展方向一致，较好地贯彻了院发展任务与目标。但也存在个体发展趋势存在一定波动的问题，存在较大波动幅度的是研究所 01、研究所 08 和研究所 14。研究所 14 趋势图中 2013—2014 年波动较大，主要是受外

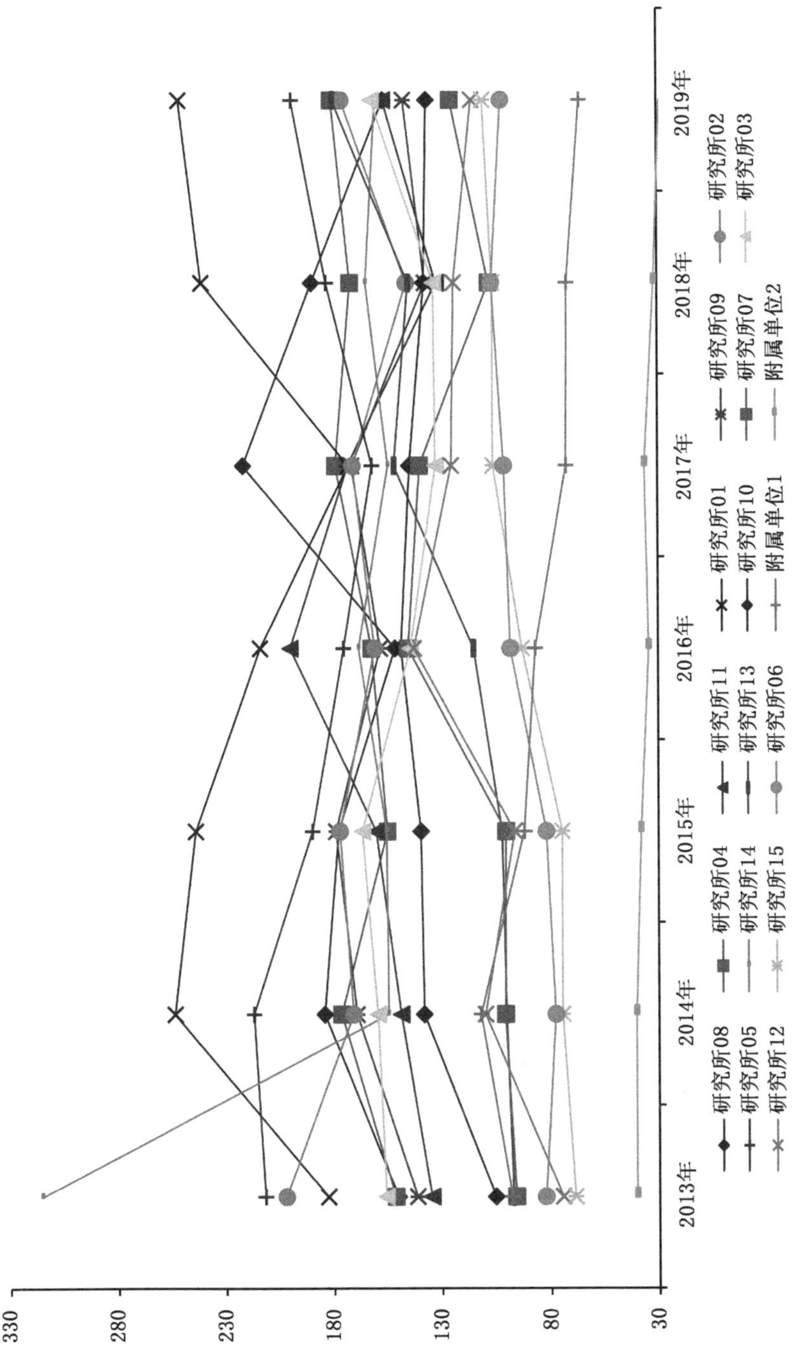

图5-2　各单位整体经济实力趋势图（2013—2019年）

部宏观环境和内部管理政策调整的影响，总收入比上年减少 44%；发展趋势整体逐年向上的是研究所 13，说明该单位发展布局能够适应发展需要，单位综合实力逐步提升；发展趋势整体逐年向下的是附属单位 1，需引起足够的重视，寻找原因，并采取措施。

（二）单位筹资能力趋势分析

从以下“各单位筹资能力趋势图（2013—2019 年）”看（见图 5—3），在 2013—2016 年间，中国热带农业科学院整体筹资能力趋于平稳，各研究所的筹资能力基本维持在一个平均水平，没有太大变化，这与单位的性质、资金来源有很大关系，一方面说明资金来源相对稳定，另一方面也反映出单位在自主创收能力上仍有提升的空间。从个体上看，研究所 14 在 2014 年筹资能力下降十分明显，主要是该所作为拟转企单位自主创收的需求较大，因为筹资能力受外部环境的影响下降较多，研究所 14 通过及时调整，筹资能力相对稳定，并且高于全院的平均水平。

（三）单位资金支付能力趋势分析

从以下“各单位资金支付能力趋势图（2013—2019 年）”看（见图 5—4），在 2013—2016 年间，中国热带农业科学院资金支付能力趋于平稳，但也存在部分单位波动变化明显的状况。经过分析，发现这几家单位在波动较大的年份存在特殊的大额支付事项，因此，不属于常规性的影响因素。这一方面说明单位资金支付优先保障单位当年的重点发展任务，即“保重点”，另一方面也与单位的资金来源性质有关。财政性资金对履职情况有要求，因此，财政性资金来源为主的单位，筹资能力趋势变化与资金支付能力变化较为一致。

（四）单位综合评价趋势分析

从以下“各单位综合评价趋势图（2013—2019 年）”看（见图 5—5），通过对中国热带农业科学院财力保障能力情况的趋势对比分析发现，单位整体财力保障水平相对稳定，各研究所变化趋势大致与院整体情况保持一致，较好地为院所发展任务与目标进行了财力保障。但也存在个体发展趋势波动的状况，这与单位

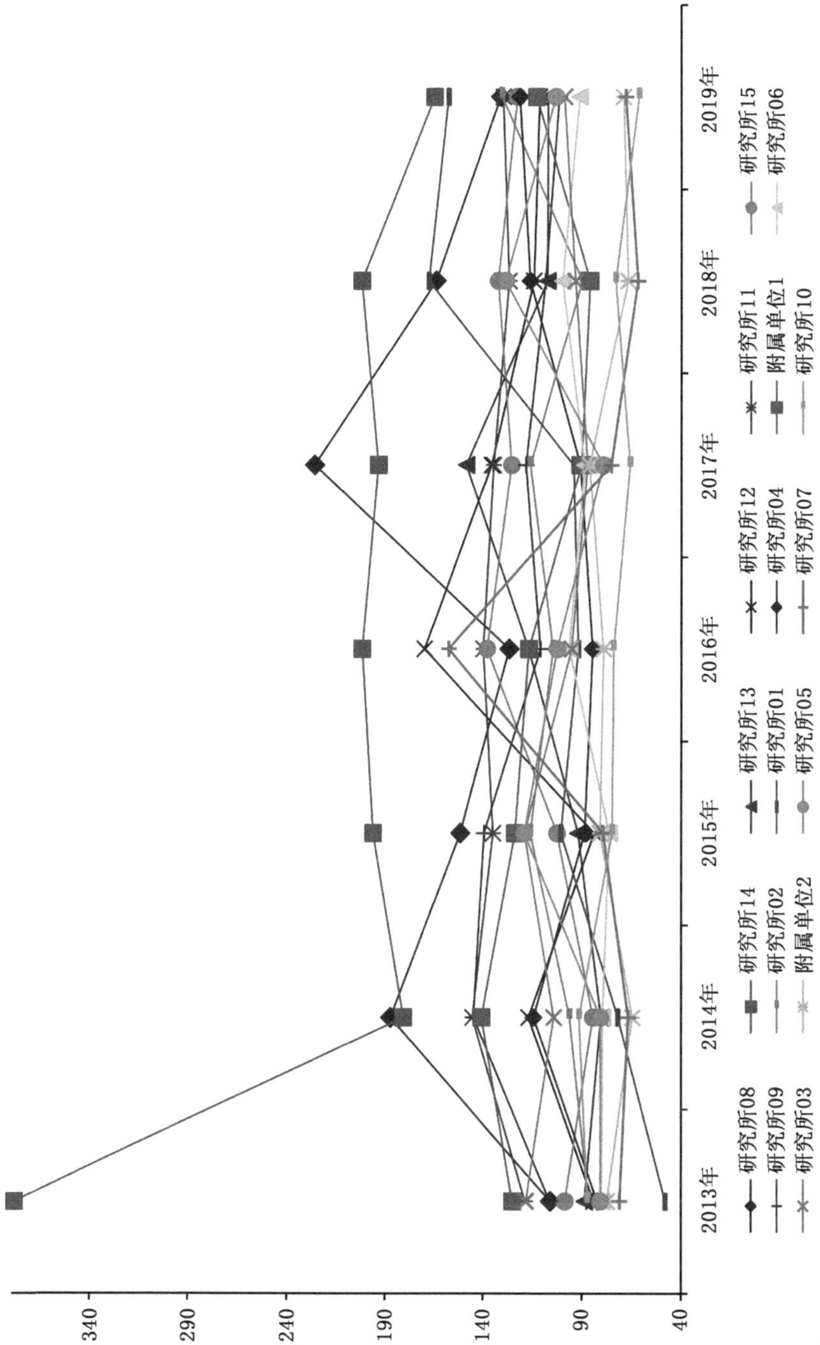

图5-3 各单位筹资能力趋势图(2013—2019年)

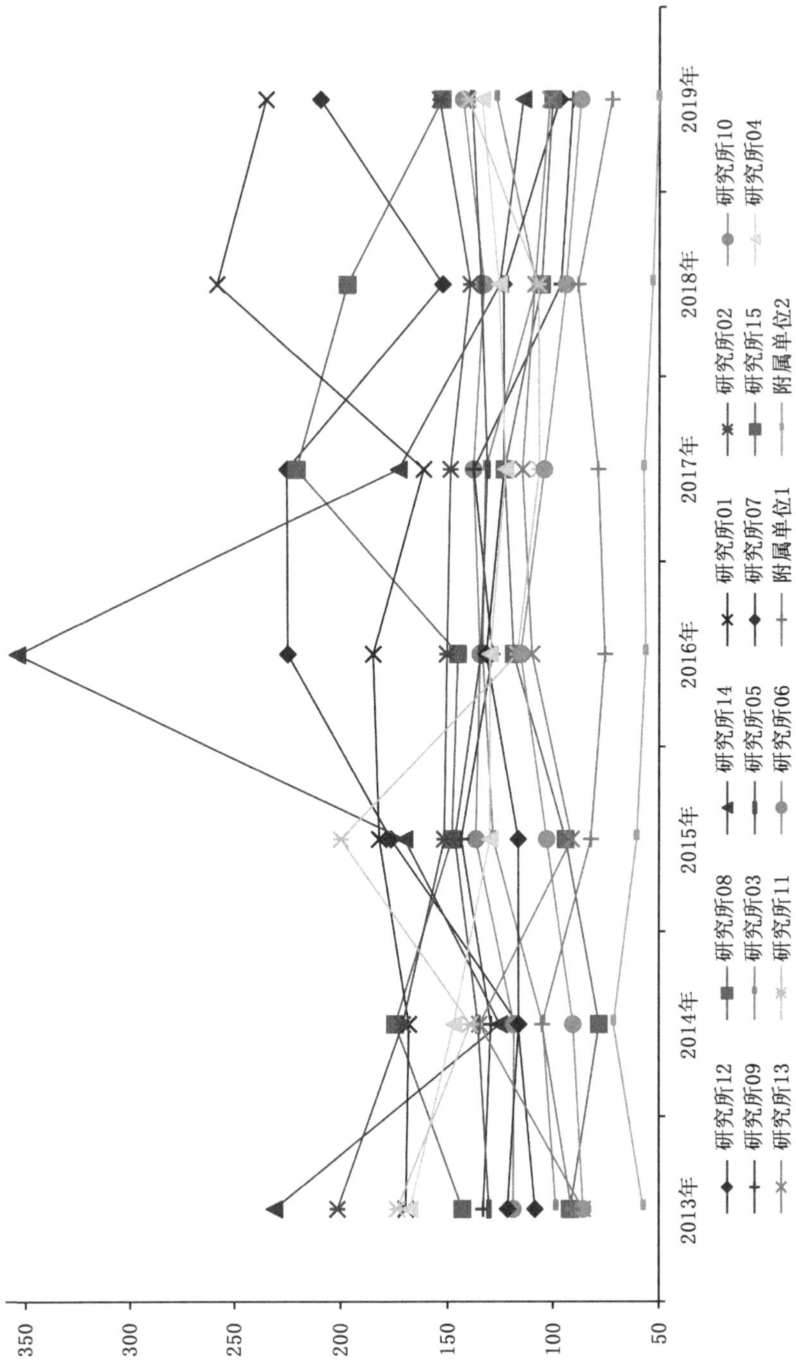

图5-4 各单位资金支付能力趋势图（2013—2019年）

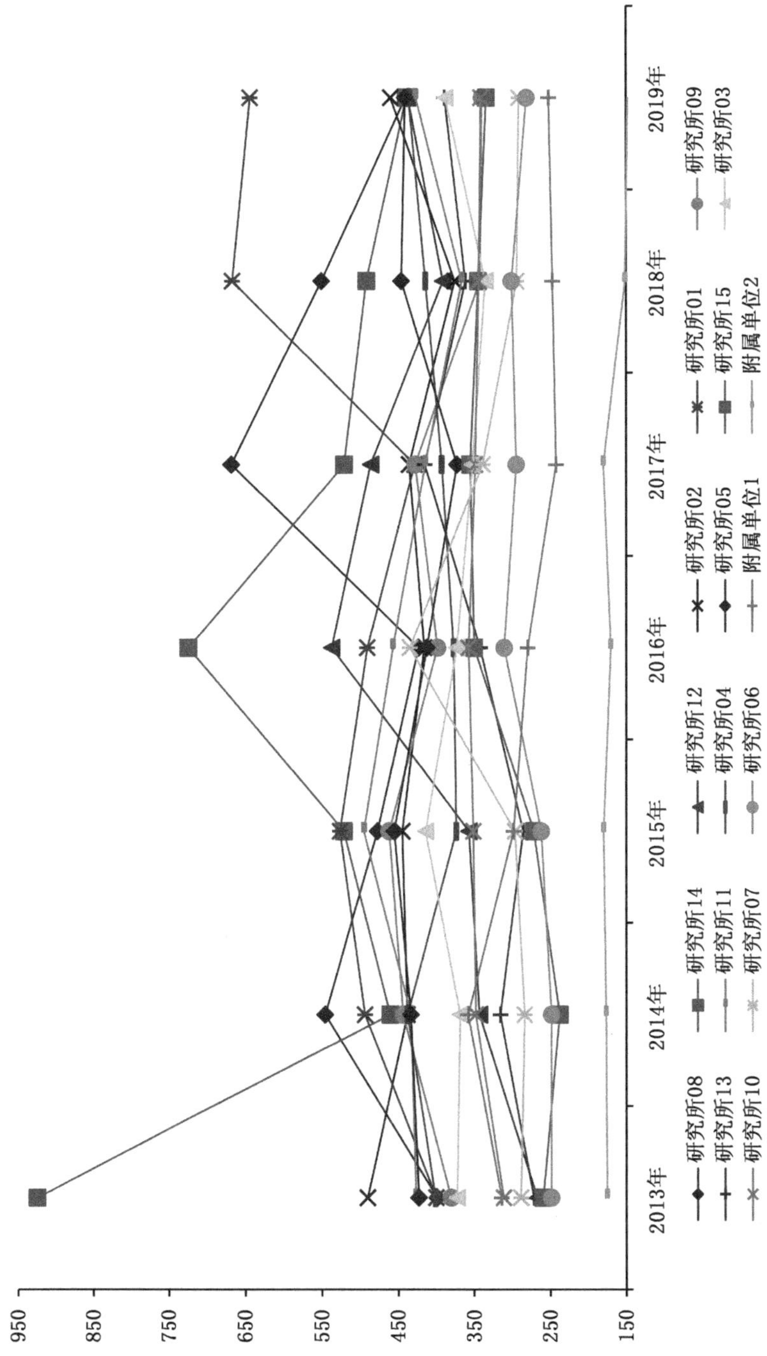

图5-5　各单位综合评价趋势图（2013—2019年）

整体综合实力密切相关。资金体量大、单位科研实力强的单位，财力保障水平变化趋势相对稳定，没有明显提升或明显下降的趋势，一定程度上也说明单位在创新发展、实现单位综合实力稳步提升方面还有探索空间。拟转企单位存在较大波动，与单位创收需求大有关，创收情况好坏直接影响单位当年的财力保障能力。

参考文献

[1]张英杰.广西县级政府财力保障研究[D].南宁:广西大学,2019.

[2]财政部,国家科委.科学事业单位财务管理实用手册[M].北京:当代中国出版社,1997.

[3]财政部关于印发《关于贯彻实施政府会计准则制度的通知》[2018].

[4]陶勇.中国县级财政压力研究[M].上海:复旦大学出版社,2014.

[5]谢磊.湖北省县级政府财力保障问题研究[D].武汉:中南财经政法大学,2017.